海马体记忆法

写书哥——著

人民邮电出版社

北　京

图书在版编目（CIP）数据

海马体记忆法 / 写书哥著. -- 北京 : 人民邮电出
版社, 2025.1
ISBN 978-7-115-64209-7

Ⅰ．①海… Ⅱ．①写… Ⅲ．①记忆术－青少年读物
Ⅳ．①B842.3-49

中国国家版本馆CIP数据核字(2024)第077611号

内 容 提 要

本书结合笔者考上清华大学的学习经历，以及对上百个学生一对一咨询的经验编写而成。在编写过程中还参考了心理学、脑科学的研究成果，以更有针对性地帮助中小学生提升学习效率、提高成绩。

全书共8章，讲解了大脑的工作原理、读书时应该保持什么心态、学习中的马太效应、从短期记忆到长期记忆、听课和复习的技巧、考试拿高分技巧，以及如何打造朋友圈，维护自己的学习环境等内容，其中还包括对自驱力、专注力、记忆力的培养方法。

本书内容丰富、案例生动，针对各学科、各阶段经常会碰到的难题提出了简单、有效的解决办法，适合中小学生及其家长阅读使用。

- ◆ 著　　　　写书哥
　　责任编辑　徐竞然
　　责任印制　周昇亮
- ◆ 人民邮电出版社出版发行　　北京市丰台区成寿寺路 11 号
　　邮编　100164　电子邮件　315@ptpress.com.cn
　　网址　https://www.ptpress.com.cn
　　涿州市京南印刷厂印刷
- ◆ 开本：880×1230　1/32
　　印张：8　　　　　　　　　　　2025 年 1 月第 1 版
　　字数：206 千字　　　　　　　2025 年 1 月河北第 1 次印刷

定价：52.80 元

读者服务热线：**(010)81055296**　印装质量热线：**(010)81055316**
反盗版热线：**(010)81055315**
广告经营许可证：京东市监广登字 20170147 号

前　言

记忆是一种美德，需要长期的训练和练习。

上学时，总觉得背单词难、背课文难，然后归咎于大脑不够发达、自己不够聪明，这是失之偏颇的。许多科学实验表明，大脑就像肌肉一样，也可以通过锻炼变得越来越强壮。

畅销书《刻意练习》中举了一个例子，在英国伦敦，以查令十字街为圆心的 9.6 千米半径范围内，大约有 2.5 万条街道。想要成为一名持证出租车司机，就要通过一系列关于这些街道位置的测试。

科学家扫描这些出租车司机的大脑，发现他们的海马体比一般人更大，包含更多的神经元和其他组织，因此他们的记路能力更强。

这就像运动员通过年复一年的训练，练就了一身的肌肉一样，出租车司机经过日复一日的训练，海马体变得更大。

这在一定程度上可以证明，大脑并不是固定不变的，它会用进废退，重新布局神经元路径，强化或者弱化某些组织。记忆力和金钱相反，不是越用越少，而是越用越强。有人把记忆力比喻成露天煤矿，表面的煤被挖掘得越多，潜在的煤露出来得就越多。如果只开凿一个巴掌大的小孔，那么大量的煤只好一辈子埋藏着。

什么是海马体？海马体是脑组织的一部分，位于丘脑和内侧颞叶之间，主要负责短期记忆的存储、转换和提取等，因为形状酷似海马而得名。

海马体与记忆紧密相关，在记忆功能中发挥着重要作用。本书正是致力于帮大家解决记忆的存储和提取问题。

本书能帮到谁？

（1）学习很努力，花费大量时间，成绩却不理想的学生。熟悉海马体的运作机制，能让你事半功倍。

（2）自信心不足，有严重拖延症的学生。行动力不足，掌握的知识不够，就无法改变现状，只能在低水平徘徊，难以看到希望。本书针对这类学生给出了解决方案。

（3）考试经常发挥失常的学生。整个初三阶段，我长期数学考满分，老师拿着放大镜反复寻找，都没有找到我的扣分点。我是怎么做到的？这将会在本书第六章详细讲解。

（4）注意力分散，不能持续学习的学生。很多学生在学习时受到太多干扰，玩手机游戏、刷短视频占用了大量时间，这时该怎么办？本书第四章给出了解决方法。

（5）不会记笔记、不会整理错题的学生。老师都会强调错题本的重要性，可真正把错题本用好的学生很少，学生在使用错题本时往往会犯很多错误。本书第五章详细讲解了错题本的使用方法。

我在微博上写了上万篇讲解学习方法的文章，本书是其中精华的总结，有故事、有原理、有方法，一看就懂，拿来就用。不用从第一页开始看，根据目录寻找你感兴趣的主题，用5分钟读一下，相信你会有所收获。

最后祝你鱼跃龙门，金榜题名！

写书哥

目　录

第三章　融合旧知识：学习中的马太效应
Chapter Three

第四章　海马体编码：从短期记忆到长期记忆
Chapter Four

第五章　长期记忆：听课和复习的终极目标
Chapter Five

第六章　记忆提取：这样考试你能多拿分
Chapter Six

第七章　打造朋友圈：海马体也受情绪影响

Chapter Seven

第八章　博采众长：那些学习高手的宝贵经验

Chapter Eight

第一章
Chapter One

学习的真相：
脑科学告诉我们什么

很多父母都听过老师这样评价孩子："这孩子挺聪明，就是不肯好好学。"仿佛只要孩子一努力，学习情况就能立刻大有改善。可惜，真相很残酷，这个评价的前半句是安慰，后半句才是重点。

人类的智力水平整体上符合正态分布，特别聪明的孩子和特别笨的孩子都只占少数，绝大多数孩子的智力水平差不多。

在这个前提下，真正能使成绩产生区别的是学习方法。同等智力水平下，学习方法好的孩子能事半功倍，高效学习；而学习方法不好的孩子，则事倍功半，天天熬夜还成绩不好。

01 | 努力假象：熬夜写作业的人居然考试不及格

小 A 是个初二学生，他很勤奋，每天晚上写作业写到 11 点多，妈妈经常心疼地劝他早点休息，可他依旧坚持把作业写完。

他上课认真听讲，从不和同学交头接耳，一整节课都在埋头记笔记。他的笔记最全，还因此经常被老师表扬，很多同学都喜欢借他的笔记作为复习资料。另外，还有个细节——小 A 连课间都舍不得浪费，也在写作业。

小 A 看上去是个标准的好学生，可他的成绩却始终不理想。期末考试时，他的数学成绩居然没及格！这是怎么回事？

我详细了解他的情况后发现，他犯了"表演性"学习的错误，即他做每件事时，都在关注别人怎么看、怎么想。

- 笔记要写好，这样老师会表扬，同学会羡慕。

- 作业写到晚上 11 点，妈妈会心疼。

- 课间也在写作业，即使考试成绩不好，老师也不忍心批评。

- 遇到搞不懂的题目，不要问同学，会被同学看不起。

小 A 过于在乎别人的眼光，一直努力塑造"好学生"的形象，可惜他只下了表面功夫，并没有领悟"好学生"的本质。他最大的问题在于抓错了重点，白白浪费了宝贵的精力和时间。明明应该用在研究题目上的精力和时间，却被他用在了"假装"上。

我告诉小 A："别用行动上的勤奋，掩盖思考上的懒惰。"熬夜学习、认真记笔记、课间写作业，这些都是行动上的勤奋，是外人能看到、自己能表演的。在此基础上，还有更高级的"思考上的勤奋"，这是什么意思呢？

首先，努力搞懂新的概念，知道它的含义、应用场景，比如角平分线有什么性质，证明题有几个思考角度、可以画什么辅助线。

其次，遇到错题，总结出错的真正原因，而不是用"马虎、不小心、运气不好"搪塞过去。深挖学习的漏洞，比如概念混淆、记忆不准、审题错误、答案不规范、单位错误等，知道根源才能杜绝再犯。

最后，遇到难题，不要只是看答案，还要从根源上弄懂这道题，在看懂答案之后，自己再从头做一遍，最好能多找几道同类题巩固一下，要真的吃透这类题，而不是模棱两可、似懂非懂。这恰恰是小 A 最大的问题：遇到难题下意识逃避，考试时到处丢分。

Tips： 学习和送快递不一样。快递员送快递的过程完全可视化，你随时可以查看他走到了哪里，是不是在正常工作。学习是把知识装到大脑中，两个学生都在教室里坐了 2 小时，看上去也都在"刷题"，但可能学生 A 掌握了 10 个知识点，而学生 B 只掌握了 1 个，这种差距每天都在拉大，等到期末考试的时候，学生 A 考 99 分，学生 B 只能考 70 分。学霸和中等生就是这么"诞生"的。

你肯定会奇怪：学习时，大脑中发生了什么？为什么有的人学得快，有的人学得慢？为什么有的人过目不忘，有的人丢三落四？这真的是智商差异造成的吗？

本章后面会详细论述。

02 | 大脑本能：非必要不工作

看下面 3 个场景。

- 洋洋很自责：白白浪费了周末两天时间，当初的复习和预习计划还没完成，就又要上学了，而且上周也是如此。
- 子涵很自责：明天就要英语考试了，自己还有很多错题没有订正，可坐在书桌前，就是学不进去。
- 雨彤也很自责：同桌每天上课都会举手回答问题，这些题自己也会，可就是不好意思举手，一犹豫老师就叫别人回答了，自己错失了好多机会。

类似的场景还有很多。你也许和洋洋、子涵、雨彤一样，知道自己"应该"做什么，但行动往往没有跟上，这就是所谓的拖延症，于是你常常不断地懊恼，觉得自己真差劲，甚至会讨厌这样的自己。

其实，大可不必如此，这并不是你一个人的毛病，你身后还有一大批"拖延症患者"。拖延实际上是常态，立刻行动才是"异常现象"。

为什么呢？这要从人类的进化过程说起。人类虽是高级动物，但也依然保留了动物的本能。

对于所有动物（包括人类）来说，生存始终是第一位的，因此动物倾向于保存能量，以备不时之需。在和平年代，人们基本上没有生存问题，尤其对于大多数学生来说，有家长为他们遮风挡雨，他们自然没有生存压力。如果没有远大的理想、没有家长的督促，想要"躺平"是自然而然的事情。

科学研究表明，人脑消耗的能量比想象中还要高得多。虽然人脑只占人体总重量的大约 2%，却会消耗身体每日总体能量支出的约20%。

为什么你不爱学习？因为它非常消耗能量，不到万不得已，谁都不愿意启动学习这一高级功能。就像前文中努力学习的小 A，他虽然看起来在熬夜学习，但大脑并没有努力思考，这就是他考试不及格的根本原因。

有一次，上初三的儿子给我出了一道复杂的几何证明题，我觉得很有意思，便开始专心致志地研究。我尝试画各种辅助线、运用各种解题思路，却始终不得要领，不知不觉研究了一小时，然后发现大脑"木"了，思维开始跟不上，前后推理经常中断，只能被迫休息。站起来的时候，我眼前一黑，差点晕倒。这就是用脑过度、能量消耗殆尽的表现。

最后强调一下，不爱学习其实是人的本能，而能克服这一本能去学习，那才是"超人"。读完本书，希望你能从普通人向"超人"过渡。

03 | 神经网络：做题时，大脑中发生了什么

仔细回忆一下做数学题的过程。

第1步，读题：阅读已知条件，将其转换成数学语言，把题目中的数字和数学概念对应起来，搞懂问题是什么，以及问题和已知条件之间有什么关系。

第2步，解题：通过数学定理，从已知条件逐步推导，逼近最终答案。

第3步，验算：得出答案，把答案代入原题，检查答案是否正确。

在整个过程中，第二步最困难，如果题目很复杂，往往会有很多种解题路径、很多个定理公式可用，到底走哪条路、用哪个定理公式，就需要准确的判断力，这种判断力从哪里获取？从以前的记忆中获取。如果你之前遇到过类似题目，往往就能很快找到解题路径；如果没遇到过，估计要耗费不少精力，甚至走很多弯路。

那么，大脑是怎么思考的呢？一个接着一个的解题思路是怎么冒出来的呢？这都依靠大脑中的神经元。

神经元又叫神经细胞，人脑中的神经元大概在100亿个以上，这些神经元通过发射电信号和化学信号进行连接。以前面解数学题的过程为例，我们从神经元的角度将其拆分一下。

第1步，眼睛看到题目，把信息交给负责视觉处理的神经元，神经元识别图像。

第2步，神经元把图像转化成抽象的文字（比如区分出是 B 而不是

8），并理解其含义，动物做不到这一点。

第 3 步，同时启动负责听觉的神经元，这时你会不自觉地在大脑中听到这个字母的声音，虽然你并没发出声音。

第 4 步，对文字进行组块，而不是分别理解，比如知道 A、B、C 代表的是三角形的 3 个顶点，而不是 ABC 儿歌。

Tips：据调查，一部分孩子成绩不好，并不是因为他们不努力，而是因为他们有阅读障碍。他们看到的文字都是一幅幅画或者一系列跳跃的符号，他们不能把文字和抽象含义对应起来。对于这样的孩子，要格外耐心，印度电影《地球上的星星》就讲了一个有阅读障碍的孩子的故事，值得一看。

第 5 步，从记忆中搜索相关概念，看之前有没有遇到过类似题目，执行这个动作的工作量很大。

第 6 步，搜索到类似题目以后，用记忆中的方法尝试解答当前题目，这相当于重走一次老路，学习成绩好的孩子做题快就快在这里。

第 7 步，如果没有搜索到类似题目，那就意味着解题失败，这就是成绩不好的孩子的解题过程。

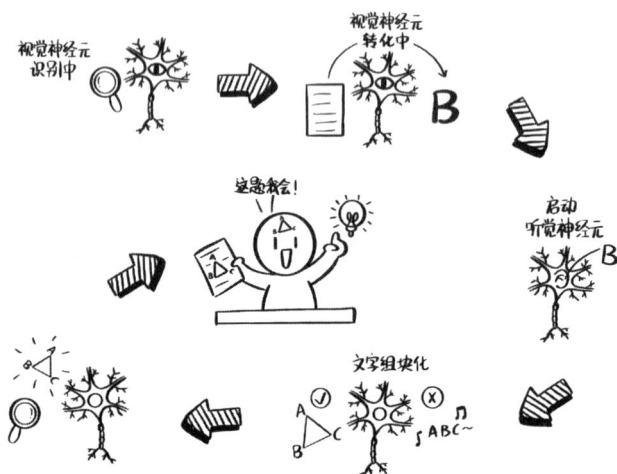

从上面的分析可以看出，解题的过程就是调用大脑中已有的模块，并将其和题目相匹配的过程。一道大题可能涉及 N 个知识点、M 个解题模块，将它们组合起来就能得到解题方法。

世间的一切知识，只不过是记忆。这个论断虽然是很多年前提出的，但现在依旧有效。

04 | 记忆原理：小明丢手机的故事

仔细回忆一下，今天上学路上，你遇到了什么人，看到了什么牌子的汽车，街边的小店张贴了什么宣传广告？我想，你大概是一点都想不起来了。你可能会说，接触的时间太短了，我没注意啊！

那我再问你一个问题，昨天上课时，语文老师穿的是什么颜色的衣服，同桌用的笔是什么颜色的？你们接触的时间应该够长吧，但估计你还是想不起来。

你明明看到了，现在居然一点儿也想不起来，这是怎么回事？

这就涉及记忆的形成规律。我们每天都会接触海量信息，眼睛看到的、手脚触碰到的、嘴巴吃到的、耳朵听到的，其中绝大多数都不重要，也会被大脑自动忽略而不记忆。大脑有自我保护机制，只会记住它认为重要的事情。

因为人类的脑容量有限，如果毫不区分地记忆所有细节，大脑很快就会因信息爆炸而"宕机"，从而丧失思考能力。从物理层面说，就是神经元之间再也不能增加其他连接了。

假设小明在逛街，我们钻到他的大脑里，观察一下他的记忆过程。

忽略：大街上人来人往，热闹非凡，空气中还弥漫着麻辣烫、烧烤的味道，小明看到了这些景象、闻到了这些味道，但大脑自动忽略了这些信息，完全没有记忆。

注意：小明感觉口渴，想买瓶矿泉水，他注意到前面有家小超市，赶紧走进去买水。大脑中留下很浅的记忆：大街上的某个地方有家小超市。

紧张：走了 10 分钟，小明突然发现自己的手机不见了，他很着急，翻遍了所有口袋都没有找到，他开始原路返回寻找，直到他回到那家小超市，发现手机忘在了超市的收银台上，真是虚惊一场。

记牢：这下小明再也忘不掉这家小超市了，他甚至记得收银员是个胖胖的小姑娘。

回忆：回到学校，小明把自己丢手机的事情讲给同学听，连连夸赞收银员拾金不昧，为了庆祝手机的失而复得，他还请好朋友喝奶茶。

看到了吗？大脑是自带滤镜的，它只关注和自己有关的事情。对自身影响越大的事情，记忆就越深刻，而那些无关或者影响不大的事情，则会被大脑直接忽略。

问题来了：有了筛选原则，谁来执行呢？答案是海马体！大脑中负责记忆的核心部位有 3 个，分别是内嗅皮层、海马体和新皮层（即大脑皮层）。

- 内嗅皮层是过滤器，负责过滤接收到的海量信息，听到的、闻到的、看到的、摸到的都由它接收，并由它来筛选哪些值得注意、哪些需要记忆。例如前面小明的案例中，在大街上看到的人流就不重要，会被内嗅皮层忽略。

- 海马体是组织者，对内嗅皮层提交上来的信息进行加工分类，比如小超市里面有水，在这里可以买到水，这个思考过程会调动成千上万的神经元，形成所谓的短期记忆。这种记忆并不牢靠，如果不加以巩固，很快就会丧失。

- 新皮层是人脑中进化最晚、最后出现的结构，负责人类的高级认知过程，比如逻辑思维、数学思维，以及对各种专业知识的加工和记忆等。在小明的案例中，他因为丢了手机而对小超市印象深刻，海马体会把这个信息传递给新皮层，形成长期记忆。我们学习的所有课本知识，最后都保存在这里。

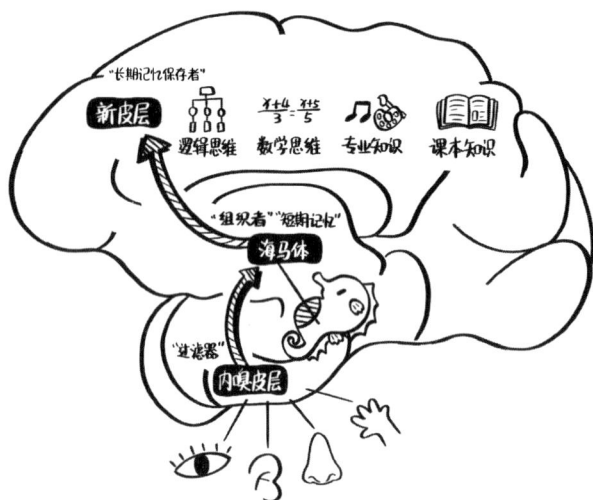

海马体是短期记忆的生理基础，和新皮层相连。海马体会对短期记忆中的信息进行持续加工，并依重要性进行取舍。如果它发现某些信息非常重要，就会将其转移到新皮层中进行长期保存。这个过程持续的时间较长，几天到一个月都有可能。

Tips：学习的本质，就是把知识"搬运"到新皮层，形成长期记忆，以便在考试中考出好成绩，或者用它们解决现实中的问题。

而所有这一切的关键是海马体，它是记忆的开关。信息只有得到海马体的认可，才会被转移到新皮层，变成长期记忆。

05 | 记忆巩固：长期记忆和短期记忆

先说个故事。

小 B 记忆力超群，从小就展现出非凡的天赋。幼儿园期间，小 B 就能背诵几百首古诗、熟记乘法口诀表等。他经常在家庭聚会中表演，是妈妈朋友圈中的小"网红"，完全就是"别人家的孩子"。

上了小学以后，小 B 更上一层楼，他当上了班长，各科考试成绩都是满分，妈妈以为他会持续优秀下去，考上清华大学、北京大学都不成问题。

然而好景不长，从初一开始，小 B 就再也没有考过满分，且成绩持续下滑，从班上前三慢慢到前十，到初二期末跌出前二十，小 B 从学霸变成了中等生。

详细了解后发现，小 B 上课很积极，作业的准确率也挺高。可是在期中、期末考试中，他总是考不好。一提到成绩不理想，小 B 还不服气，总用马虎和运气不好来辩解。

妈妈很着急，想了各种办法，也请了学霸给他分享经验，可他的成绩依旧没有提升，他的问题出在哪里？出在小 B 没有遵循记忆规律。我们来拆解一下。

首先，小时候能背诵很多古诗，说明小 B 的记忆力很好，在小朋友中名列前茅。他中了"基因彩票"（记忆力生来就好），这是好事。

其次，小学阶段，知识点少，他通过死记硬背就能很快掌握，但忽视了知识点之间的内在联系，这时已经埋下隐患。

再次，初中阶段，知识点明显增多，数学、物理的学习需要很强的推理能力和整合思考能力，小 B 却还在用小学的学习方法——死记硬背，对知识只做到了浅层理解，一遇到难题自然就招架不住了。

最后，由于对知识的理解不深入，加上复习不及时，学习变成了狗熊掰棒子——掰一个，丢一个。他貌似对每个知识点都很熟悉，但记忆却并不准确，因此考试时到处丢分。

Tips: 很多聪明的中等生都在犯这个错误，他们自我感觉良好，不去深入理解，也懒得及时复习，最终导致考试成绩不好，大多只能维持在 80 分左右，如果不改变学习习惯，就很难考到 90 分。

更可怕的是，这种劣势还会持续叠加，等到高中以后，要学的知识范围更广、要求更高，题目难度更大，相应地，漏洞也会越来越多，如果心态失衡，中等生就会滑入差生行列。

06 | 记忆提取："刷题"是最好的巩固方式

你考试时有没有遇到这种情况：明明知道答案，可就是想不起来，急得抓耳挠腮，最后无奈放弃。考试结束后，和同学聊天，同学刚说出答案的前两个字，你一下子就想起来了，可惜考试已经结束，你还是丢了"冤枉分"。

这是怎么回事？你已经背了无数遍，明明记住了，为什么考试时还是想不起来呢？这就要说到记忆的一个特点：记忆的存储和记忆的提取是分开进行的。

打个比方。

你有一栋 300 平方米的别墅，你很喜欢网上购物，每天从网上买各种东西——衣服、鞋子、图书、零食、化妆品……你把这些东西放在家中，如厨房、衣帽间、杂物间、书房……过了半年，冬天到了，你需要穿长款羽绒服御寒。

你记得很清楚，去年买了一件很喜欢的白色羽绒服，但是忘记放在哪里了。于是你翻箱倒柜地找，衣帽间没有，杂物间也没有，卧室还是没有，羽绒服就像凭空消失了一样。

这时，爸爸走了过来，你说你找不到羽绒服了，爸爸提醒"主卧的床底下找了吗？我记得床下有两个大抽屉"，你拉开抽屉一看，羽绒服果然就在那里。

上面的故事中，别墅就是你的大脑，别墅中的各种物品就是你的记忆。默认情况下，这些记忆是杂乱无章的，散落在大脑的各个角落，当你需要的时候，如果找不到，就等同于没有。

而"找到"这个动作，就是记忆的提取。

当知识通过海马体的检验，存储到新皮层中，就相当于你在网店下单，把物品买到家中。需要它的时候，还要能找到它，这个过程对应到大脑活动中，就是海马体经过努力搜索，重新激活相应的神经元。有科学家专门检测过思考时的大脑，发现这时大脑异常活跃，很多神经元不断释放电信号和化学信号，这就是在进行记忆的提取。

记忆的提取非常消耗能量，所以集中精力思考很累人，这也是很多人不能持续集中注意力的原因，也是一节课的时长是 45 分钟，而不是60 分钟的原因。

Tips: "上课认真听讲"是每个老师、每位家长通常都会叮嘱孩子的，这说起来简单，实际做到很难。上课认真听讲只有少数学生能真正做到，绝大多数孩子都会在课堂上走神。我曾经问过很多中等生，发现他们上课时有 10~20 分钟的时间都在走神；排名靠后的孩子，甚至有 30分钟没有在听课。

既然记忆的提取如此重要，我们在学习中应该怎么做呢？这里给出几个小技巧。

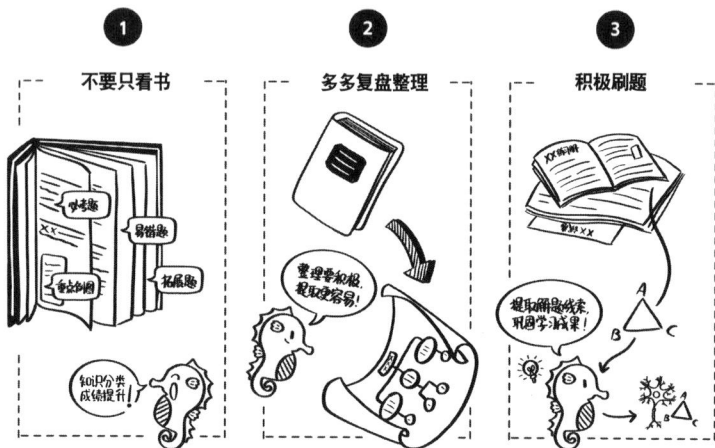

1. 不要只看书

有些学生似乎很努力，每天都看书，把课本都翻烂了，成绩却依旧提不上去，这是因为他们只进行了记忆的存储，就像天天买了东西放在家里，却没有对它们进行分类整理一样，需要的时候就会找不到。同样，看别人的笔记和思维导图也是如此，都只是在单纯地输入信息，对成绩的提升帮助不大。

2. 多多复盘整理

看完书以后，合上它，尝试回忆所学内容，把它们写下来。最好能整理出知识结构图、思维导图，越细致越好。不要怕辛苦，因为海马体有个特点，即越辛苦的事情记得就越牢，提取时就越容易。

3. 积极刷题

有人说，刷题是浪费时间，应该多思考、多总结。但是据我的观察，绝大多数学生不是刷题太多，而是刷题太少。因为刷题本身就是在强迫思考，就是在提取之前的记忆，这个过程能反复刺激海马体，激活相应的神经元，从而巩固学习成果。

07 | 记忆偏差：大脑也会犯错误

仔细思考这个问题：你的记忆是真实的吗？你肯定会回答："那还用说，肯定是真实的，自己怎么会骗自己呢？"很可惜，事实上，记忆是会出现偏差的。你不仅会"脑补"不存在的记忆，还有可能扭曲以前的记忆，使自己的经历合理化、正义化。

我辅导过一个初中生小C，他的成绩在班上处于中等偏上的水平。每次数学考试他都会犯几个低级错误，比如单位错误、计算错误、概念错误等，我和他整理了以前他做过的试卷，发现了一个情况：同样的知识点、同样的题型，他会反复犯错。

我把自己"会做的100%拿分"的考试绝招告诉他：每次考完试，都要认真订正错题，确保下次不出错。小C点头称是。3个月后期末考试成绩公布，小C的妈妈和我说，他的成绩和以前一样，还是没有提升。我就问小C："之前的错题都订正了吗？"小C回答："那些题很简单，看一眼就会了，不用特意订正，太浪费时间了。"

我又追问一遍："你真的会了？"

小C肯定地回复："会了！"

看他言之凿凿的样子，我觉得他肯定高估自己了。于是，我让他找出之前的试卷，然后我用半个多小时整理出他的一批错题，并重新拼凑成一套试卷让他完成，而且强调："这是你的定制款试卷，选取的都是你曾经的错题，看看你的改错效果如何。"

Tips: 不要让孩子抄写错题，这太占用时间，在网店中搜索"错题打印机"，有很多成熟产品，直接拍照就能识别出题目，方便快捷。

果然不出所料，这套定制款试卷小 C 根本没做及格，他以为自己全部掌握了，其实根本没有，依然到处丢分。

这其实是很多中等生的通病：犯太多小错，导致总分不高。他们"自以为"掌握了没有掌握的知识，产生了一种记忆偏差。这在心理学上叫自我美化：人们倾向于对自己的行为进行更加积极（即使有偏差）的评价；而对自己的缺点和失败经历，则倾向于掩饰或淡化。

美化以后，人自然会忽视之前的错误，用"已经会了"敷衍过去，久而久之，错题越积越多，成绩也就难以提升。

愿不愿意狠挖自己知识的薄弱点，是学霸和中等生的一个区别；遇到错误，会不会轻易放过，也是学霸和中等生的区别。整理错题的过程很难受，但它可以帮你纠正记忆偏差，精准解题。本书第六章会详细拆解考试技巧。

08 | 海马体：控制长期记忆的开关

前面用不少篇幅介绍了有关记忆的知识，我们也知道了海马体的重要性。那如何利用它提高学习效率呢？根据记忆的特点，我把利用海马体提高学习效率的过程分成 5 步，这是本书的核心。

第 1 步，判断重要性。

大脑每天接触的信息特别多，它必须有所取舍。电影《谍影重重》的主角贾森·伯恩的观察力超强：看一眼地图就能找出行车路线，总是知道怎样才能最快逃离，还能记下周围所有人的特征……你是不是很羡慕他有过目不忘的本领？

如果把这个本领用在学习上，看一遍课本就能将相应知识记下来，那就能轻轻松松考满分。然而这只是美好的幻想罢了，真相是绝大多数人都没有这种能力，只能选择性地记住一小部分信息。

大脑到底是怎么选择的呢？大脑选择的本质是"重要性排序"。你的一切决策，都是重要性排序的结果。

- 有 10 分钟空闲时间，你是看一篇英文短文，还是浏览几则新闻？
- 周末写完作业，剩余时间是去踢球，还是在家睡大觉？
- 自习课上，你是做喜欢的数学题，还是背诵不喜欢的古诗？

只有当你觉得某件事重要时，你才会采取行动，记忆才能发生。不然你就会视而不见、充耳不闻。一个典型的场景是放学回家后，妈妈在你耳边唠叨"要认真听讲，要团结同学"，你貌似听到了，其实完全没记住。

第2步，融合旧知识。

所有新知识的学习，必须和已有知识结合，用已掌握的知识解释新知识，这样才能深入理解新知识，进而记住新知识。如果遇到大量的新知识，大脑很快会疲劳，甚至"宕机"，放弃思考。比如下面这句话。

RAM：Random Access Memory，随机存取存储器，是与CPU直接交换数据的内部存储器，可作为操作系统或其他正在运行中程序的临时数据存储介质，支持随时从任何一个指定地址写入（存入）或读出（取出）信息，同时具备数据易失性，断电将造成存储数据丢失。

如果你没有计算机专业背景，这段话肯定读得磕磕绊绊，即使读两三遍也不知道这说的是什么意思。因为你没有相关的背景知识，无法用旧知识解释新知识。

第3步，海马体编码。

理解知识以后，大脑会对这些信息进行识别、分类，然后编码，所谓编码，就是记忆过程中的"记"。大脑的不同区域负责进行不同类型的编码。我们通常所说的课本知识仅仅是海马体负责编码的信息中的一种。大脑有5种编码方式，它们可以同时发挥作用，下面依次介绍。

语义编码：按照意义把信息转换为符号，这是最常规的编码方式之一，常用于背单词、背概念、背古诗等。

视觉编码：以视觉的形式加工信息，比如看看某个生字该怎么写，在脑海中记下字形。

听觉编码：以听觉的形式加工信息，比如背书或记电话号码时念出声。

感觉编码：以感官体验的形式加工信息，比如摸一摸冰块，闻一闻玫瑰花。

空间编码：把信息与特定的位置或者空间联系起来，比如记忆某个知识点时，同时记住它在书的哪一章哪一页，甚至它在那一页的哪个位置。

不同的编码方式互相结合、互相影响，甚至互相干扰。比如听课时，就可能同时存在这5种编码：语义编码（理解课本上的概念）、视觉编码（看老师的板书）、听觉编码（听老师说话）、感觉编码（闻到同桌放了一个屁）、空间编码（看到老师把重要公式写在黑板最上方）。

第4步，长期记忆。

编码完成后，海马体将会对重要信息进行处理，这些信息最初存储在海马体中，经过不断强化后，会转移到新皮层，形成长期记忆。这里最重要的一步是"转移"，什么情况下信息会转移到新皮层，什么情况下不会？

这里给出4个关键点。

1. 反复记忆

如果一件事物反复出现，海马体就会提高警惕：这个东西怎么总让我看到，应该很重要，我留意一下；怎么又来了，看来它的确很重要，转移到新皮层吧。

2. 充分联想

海马体也会"徇私舞弊"，如果你把知识和生存结合起来，这些知识就更容易被记住。学习细胞结构时可以联想到葡萄：葡萄皮是细胞壁，葡萄肉是细胞质，葡萄籽是细胞核。通过这种方式，你可以将细胞结构与葡萄联系起来。海马体一看：这是吃的，很重要，记下来。

3. 肉体刺激

海马体对肉体刺激反应强烈，比如做错了一道题，后悔得直拍大腿，甚至在大腿上拍出了红手印，你对这道题的印象就会非常深刻。

4. 集中记忆

在一段时间内只记忆一两件事，海马体便会重视它们。如果一下子记忆七八个知识点，海马体就蒙了，可能统统不予重视。

第5步，记忆提取。

光记住还不行，还要能运用自如、准确提取。班上50个学生中，有30个学生认真听讲，细致记笔记，努力完成作业，积极订正错题，他们谁学得好呢？光看笔记漂不漂亮、作业正确率高不高是不行的。俗话说：是骡子是马，拉出来遛遛。对学生而言，"遛遛"的工具是考试，面对几十道题目，学生能不能按时完成，并保证较高的正确率，这才是记忆提取能力的检验标准。

以上5步，分别对应本书的第二章到第六章，我会结合具体的学习场景，给出详细的落实方法。

09 | 快乐因子：多巴胺、内啡肽和血清素

初中时，我被一道几何题折磨了 1 个多月，每天研究它，尝试了 N 种方法，但都没能把它解出来。本来可以去问老师的，但我的倔脾气上来了，非要一个人"死磕"！

有一天，那道题突然对我"笑"了，各种已知条件齐刷刷地站出来，然后告诉我：先这样，再那样，最后变换一下，完美搞定！后来再遇到类似问题，自然是难不住我了。那股爽劲儿别提了，这就是内啡肽在起作用。

人的欲望有低级、高级之分。低级欲望通过放纵获得满足，如大吃一顿就能促进多巴胺分泌，让人感到很幸福；而高级欲望则要通过克制才能获得满足，如坚持运动，不断挑战自我，由此分泌的内啡肽会补偿你的痛苦，让你产生快感，并继续坚持下去；血清素则能让你对挑战充满向往。

以上 3 种物质都能让人产生愉快、满足的感觉，但它们的作用机制是不一样的。它们影响着你的自驱力和自制力，这里给大家详细分析一下。

1. 多巴胺是一种奖励机制

多巴胺是一种神经递质，是用来帮助神经细胞传送脉冲的化学物质。这种脑内分泌物和人的欲望、感觉有关，常用来传递兴奋及开心的信息。另外，多巴胺也是各种上瘾行为的源头。

大家都有过这样的经历，刷抖音时，我们会不停地上滑屏幕，似乎

下一条视频的内容会更精彩，激发我们产生这种强烈期待的物质就是多巴胺。

Tips： 多巴胺带来的饥渴感远大于满足感，它会误导大脑做出错误判断。像赌博，人们通常认为自己下一把一定会赢，实际情况则是十赌九输。

2. 内啡肽是一种补偿机制

内啡肽能产生跟吗啡一样的止痛效果和快感。内啡肽也被称为"快感荷尔蒙"或者"年轻荷尔蒙"，能帮助人保持年轻快乐的状态。

比如跑步时，你已经累得有点跑不动了，但如果你能继续坚持，这时大量分泌的内啡肽就会让你情绪高涨，你的体能也会逐渐恢复，随后带来的好处就是你一天的心情和状态都非常好，这就是一种对痛苦的补偿。

还有，当你成功通过准备了很久的司法考试时，复习过程中的单调、无聊、痛苦都会烟消云散，你体会到的也是内啡肽带来的快乐。

3. 血清素让你战斗力十足

血清素参与痛觉和睡眠等生理功能的调节，可以抑制疼痛、促进睡眠。血清素更愿意参与对抗类活动，还可使大脑产生愉悦感。因此，缺乏血清素的人可能会出现躯体疼痛、失眠、厌学等症状。

美国著名心理学家乔丹·彼得森曾经研究过龙虾的行为。他发现，在战斗中失败的龙虾会重构自己的大脑来适应当下的处境。龙虾的大脑里有两种调节神经的化学物质：血清素和章鱼胺。胜利的龙虾会分泌更多的血清素，更少的章鱼胺；失败的龙虾正好相反。

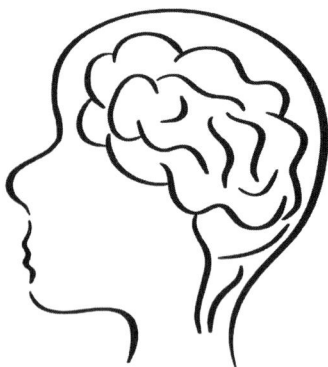

1 多巴胺是一种奖励机制

2 内啡肽是一种补偿机制

3 血清素让你战斗力十足

以上 3 种刺激行动的物质起到的作用略有不同：多巴胺让我们对理想产生渴望和动力；内啡肽在实现理想的过程中帮我们缓解痛苦；而血清素让我们摆脱拖延症，战斗力十足。

那么怎样合理利用它们呢？

1. 心理暗示

面对不愿意做的事情，要想到它的好处。比如遇到数学难题，用了一小时还没解出来，要告诉自己这道题很难，其他同学可能一时也解不出来，如果自己是全班第一个解出来的，那就太爽了！

2. 坚持运动

运动能促进内啡肽的分泌，但要达到一定强度和时长。跑步、骑自行车或游泳，以及做各种球类运动都可以，运动 30 分钟以上，大脑就会分泌内啡肽。

3. 经常大笑

大笑能立刻让大脑分泌大量内啡肽，让你瞬间感觉良好。大笑也能帮助缓解压力，有益身心健康。

4. 满足你的胃

一想起巧克力和辛辣食物，许多人就会食欲大增，心情愉快。学习时可以常备一些零食，当战斗力不足时，就用它们补充能量。

5. 多晒太阳

每天早晨花几分钟晒晒太阳，或者在阳光下散步，能够促进血清素的分泌，从而获得愉悦感和幸福感。血清素是褪黑素的前驱物质，如果白天血清素分泌较多，那么夜晚在酶的作用下，由血清素转化而来的褪黑素也会更多，这能帮助我们产生睡意，更容易入睡。

明白这些道理以后，你可能就懂得下面这个笑话了。一个学霸说："这么难的物理卷子都做完了，得赶紧做张化学卷子奖励奖励自己。"他并不是在故意气人，而是真的这么想，因为内啡肽能给人带来持久的成就感、强烈的自我认同感，对他来说这比打游戏爽多了。

第二章

Chapter Two

判断重要性：

你到底为什么而读书

在做一件事之前，一定要搞清楚"为什么"。有了充足的理由，你才会有行动的意愿。注意，理由可以是多维度的，不是只能有一个。

不要试图一次想明白"为什么"，要持续想、经常想，这样才会引起海马体的重视，让海马体形成条件反射，认真对待课本知识。

01 | 快乐学习：赶紧从"春秋大梦"里醒来吧

我的儿子刚出生时，"快乐教育"理念盛行，它强调发挥孩子的天性、特长。我觉得这个理念很好，但快乐教育实际上并不意味着家长什么也不做，孩子喜欢做什么就让他做什么，完全不去干预。在快乐教育中，家长的引导很重要！扪心自问一下，你最喜欢的是什么，绝大多数人最喜欢的是吃美食、睡大觉、玩游戏、买买买。

经常有学霸分享经验时，讲到自驱力，讲到学习的乐趣，看他们乐在其中的样子，我真是非常羡慕。遥想当年我读书时，真没那么快乐，也许是因为智商不高，也许是因为没有博览群书、底子太薄，我的学习过程至少有一半时间是枯燥乏味的，不断地背诵、不断地解题，只有在考了满分或者考到年级第一的时候，我才会感觉快乐了那么一会儿。

Tips：这才是现实！除非个别天才，像费曼、冯·诺依曼这样的人能达到"快乐学习"的境界，绝大多数人会像我一样，痛并快乐着。

这是有科学依据的，大脑遵循"非必要不工作"的原则，它希望尽量节省能量。海马体也希望少存储一些内容，因为它也想偷懒。

我在创业时面临巨大的压力，你可能会觉得我肯定工作很努力、很自律吧？事实上，我依然忍不住玩手机。如果一味地追求快乐，我同样也会堕落。那怎么办呢？首先要承认，学习不总是快乐的，尤其是在奋斗、上进、逆袭等过程中，你在大部分时间内都是和快乐无缘的。

如果有人说"我就是爱学习，做题让我很快乐"，那绝对是忽悠你的，凡是要深入研究某些知识，都是要动脑子、出力气的，偶尔做一下题会有快乐，长期做题绝对会让人感觉枯燥辛苦。

考年级第一这个结果必然让人快乐，但过程却会让你觉得痛苦艰辛；你琢磨一道数学题、写一篇作文、思考引力是怎么产生的，这个过程也一定是痛苦的。学霸虽然说得风轻云淡："我就是喜欢学习"，但本质上他也一样在坚持，也在克服痛苦，只是他在承受痛苦的同时能感受到更多的希望，以及更多成功的快乐。

快乐有长期和短期之分。你刷抖音时的快乐、和朋友在一起唱歌时的快乐、在家里打游戏时的快乐，都是短期快乐，这种快乐消失之后就会让人感到空虚。而通过艰苦努力取得成就的快乐是长期的、持久的，事后可以反复回味。

这个认识非常重要，注意，我是指和我一样智商一般的学生。你可能会举出反例，某某某平时不看书，天天出去踢球，还能考年级第一。当然，不排除个别人智商超群，我在清华大学就遇到很多这样的人。你千万不要和他们攀比，一道难题人家 3 分钟能搞懂，你可能需要 3 小时，如果你像他们一样玩玩闹闹，那大概率很难收获好的学习成果。

那怎么办呢？如何能减轻学习时的痛苦感受呢？你可以参考以下 3 个方法。

1. 为学习赋予意义

人靠希望活着，可以想象一下，10 年后你考入了清华大学，和来自五湖四海的学霸坐在一起，探讨航天飞机的运作原理，是不是瞬间觉得热血沸腾？20 年后，你成为新闻头条的主角，讲述自己的奋斗故事，这样一想，就会觉得现在的努力都是值得的。

2. 制定小目标

人的本能就是及时行乐，10 年后的目标太遥远，可能会让你激动一小会儿，然后就被丢之脑后。对此的解决方法是，每天制定小目标，比如作业 100% 正确，弄懂一个知识点或者上课回答一次问题，达成这些小目标能让你更加自信，体会到学习的成就感。

3. 允许偶尔偷懒

不要把自己逼得太紧。如果始终绷着一根弦，稍微玩一会儿就有负罪感，这甚至比"躺平"还可怕。要懂得心疼自己，确实很累的时候就要休息一下，哪怕一两天没有学习也没关系，以后都能补上的。

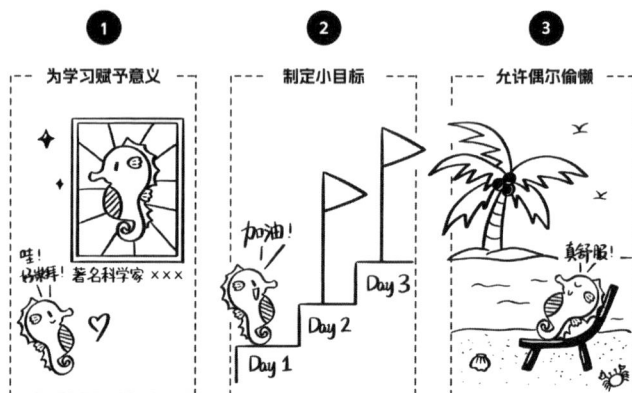

要想成为顶尖高手，必须付出不亚于任何人的努力。

02 | 身心疲累：我考上清华大学的动力源泉

我在初中时经常考年级第一，在高中的绝大多数时间里也是年级第一，所以我的父母很愿意参加家长会，以享受其他家长羡慕的眼光，这让他们感觉倍儿有面子。他们经常被问到的一个问题是："写书哥这么优秀，你们是怎么培养的呢？"这时，他们就会说："可能是天生的吧，我们什么都没管啊。"其实他们并不知道我内心的想法，有两个关键词可以概括我拼命学习的原因：恐惧和渴望。

首先是恐惧。我恐惧一辈子窝在农村，干一辈子农活。现在农业已经实现机械化了，但一些人可能不知道以前的秋收有多累人。我的老家在天津的一个小村子，家里的农作物主要是麦子和玉米。

我最怕的农活就是割麦子。我家有四五亩麦地，干活的时候，从麦田的一头到另一头，用镰刀一把一把地把麦子割下来，然后捆好。割麦子是在最热的夏天，为了不被暴晒，我们要早上 4 点多起床，吃点东西后就开始干活，一直要干到中午 11 点多。太阳晒得人浑身都是汗，麦地里还有各种虫子，尘土飞扬，回到家时常常连鼻孔里都是黑的，而且全身发痒，整个人都快要虚脱了。这种滋味太可怕了，即便如今已经过去了 30 年，我仍能清楚地想起当年干农活时的痛苦感受。

前面说的是身体上的累，此外还有心理上的。所以我的第二个关键词是渴望。我家里很穷，生活拮据，父母每天辛苦劳作，可还总被人看不起。当时我虽然年纪小，却也觉得这样的生活很憋屈。我就想，怎么才能摆脱这个环境呢？考上大学，这是我唯一的翻身机会。所以我憋着一股劲，无论如何也要考出去，摆脱这种生活。

Tips: 海马体紧邻杏仁核，杏仁核只有小指甲那么大，是人类的情绪工厂，掌控着喜悦、悲伤、焦虑、内疚等各种情绪。在亿万年的进化中，杏仁核和海马体紧密合作，为人类的安全提供保障。如果一件事激活了杏仁核，那么海马体也会认为它很重要，值得记忆。所以如果你能搞定杏仁核，那也就搞定了海马体。

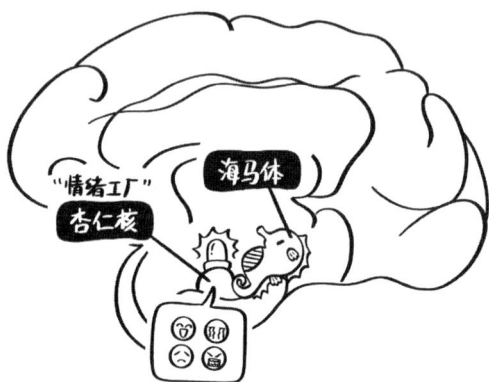

接下来要问你了，你的动力源泉是什么？你有没有仔细想过？这里提供 3 个角度。

首先，人有 3 次改变命运的机会，第一次是高考，第二次是结婚，第三次是进入社会工作，其中最公平、影响最大的就是高考。你想想看，大家面对同一张试卷，不看家庭背景、不看高矮胖瘦，也不看漂亮与否，最终只看分数，成绩好就能读清华大学、北京大学。考上一所好大学，能让你见识到更广阔的天地，拥有一个更高的起点。这是"机会"角度。

其次，许多父母鼓励孩子刻苦读书，并非为了让孩子在未来取得多大的成就，而是希望他们能拥有更多的选择权。他们希望孩子能够选择那些有意义且能保证有个人时间的工作，而不是为生计奔波。当孩子从事的工作对他们来说充满意义，他们将会收获满满的成就感；若这份工作还能赋予他们更多的个人时间，不侵占他们的私人生活，那他们的生活将更加充实且有尊严。这是"自由"角度。

最后，在未来的某一天，也许 20 年后，也许 30 年后，你会成为家里的顶梁柱，曾经看上去无所不能的父母将会老去，他们行动不便，需要人照顾，退休金也不多，这时你能帮到他们吗？未来的物价也许会越来越高，如果你没有足够的实力，就很难让父母过上体面的生活。当父母生病需要一大笔钱而你却拿不出来时，你的心里该有多难受？这是"责任"角度。

03 | 葡萄酸吗：好大学意味着什么

从某种程度上来说，分数是把精确的尺子，里面凝结了学生的智力、体力、学习能力、毅力、注意力、临场发挥能力等众多要素。一般来说，学习好的人，生活的下限会高很多。好大学像个熔炉，能让学生的见识、阅历水平有极大提升。以我的亲身体会来说，好大学有以下3个优点。

1.拥有好氛围

清华大学的学生几乎都是来自各地的学霸，聚集到清华大学以后，他们不甘于人下，于是就会互相竞争。这时候，你想不努力都不行，因为整个学校都处在一种竞争的氛围中。学生们都有着澎湃的激情，为了抢图书馆的座位，我们宿舍的成员轮流早起，帮大家占座。无所事事、只会睡懒觉打游戏的人很少，几乎每个人都在为自己的目标奋斗。而在有些学校中，可能不少学生都在混日子，个别学生想背单词都会被同学嘲笑，努力上进反而好像做错了，想想这种感觉该多难受。

2.培养好心态

以前我经常考年级第一，到了大学以后，学霸聚集，我即便很努力，成绩也只能处于中等偏下水平，于是我立刻意识到自己也只是个普通人，并不特别。这是进入社会前的预演，能让每个人摆正位置，忘掉之前的辉煌，从零开始。

3.同学间互相促进

清华大学的高手太多了，例如我某个舍友上线性代数课时很少听课，期末考试前突击一晚上，把课后题做一遍，就能考到 80 分。为什么他能学得这么快？他说，他平时读了很多有关数学原理的书，早就知道线性代数的各种概念，学起来自然毫不费力。这种超前学习的能力让我受益匪浅。在好大学中，你更容易遇到有能力的人，从他们的身上你能学到很多东西。

学霸的共性——"简单直接"。我的很多清华大学的同学，还有身边的众多作者，都在自己的专业领域取得了很大的成就。他们每个人都有各自的特点，比如智商高、精力充沛、勇于探索、性格坚韧。开始我以为他们没有什么共性，后来在和一个投行的作者聊天时突然发现：他们其实都很"简单直接"——明白自己想要什么。

Tips： "简单直接"能降低内耗，让人直奔目标，这是海马体喜欢的。一旦犹豫不决，在海马体看来就是不重要、不值得投入注意力的。很多人被情绪困扰，每天很累、很纠结，最终一事无成。

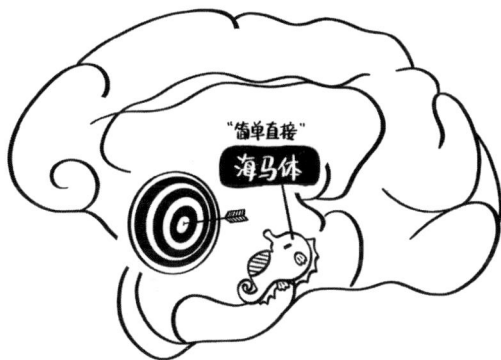

"简单直接"，这是一种化繁为简并敢于舍弃的能力，运用好这种思维就能够把复杂的事情简单化，以简驭繁。"简单直接"可以用很多词来描述，比如聚焦目标、专注力强等。

04 | 解除"封印"：没有人是不可战胜的

经常有人说，写书哥能考上清华大学，智商肯定很高，我们普通人比不了。实际上真不是这样，我可以拍着胸脯说，我的智商最多处于中等偏上水平，因为每到一个新的班级，我都会发现几个明显比我智商高的同学。注意，我说的是在同一个班级里，而不是在全年级的范围内。这里和大家举个例子。

高一、高二的时候，我始终考年级第一，而我的同桌是班上的中等生，成绩不上不下。有一天，我发现同桌做作业的速度变得很快，于是突发奇想：暗暗地和他比赛，看到底谁做作业的速度更快。这时我们的起点是一样的，因为我们都是刚听完新课，然后一起做题，结果让我大吃一惊，同桌做得比我还快，正确率也高，比我厉害多了。按理说，我的基础比他牢靠，不应该是这样的结果啊。

这到底是偶然还是必然？难道他其实是隐藏的高手？后来我就专门留意他，发现每次听完课做作业，他都比我做得快。但一到单元考试，他的成绩依然是中等水平，不上不下。这到底是怎么回事？在连续观察一个月后我发现，他听课的效率很高，但是很少复习，一下课就往外面跑，去打乒乓球、羽毛球，还经常利用自习课看小说，从来没看到他在完成作业之后主动复习过。

一次物理考试后，我看了他的试卷，就提醒他，他的很多错误都太明显了，是不应该错的简单内容，都是课上老师讲过的，他是有考 140分的实力的。

他的回答却是："你是年级的尖子生，肯定能考 140 分以上，但我不行，我能考 120 分就不错了。不过不管怎么说，我也能考上个不错的大学。"

我又说："可你看前面的选择题，这个和这个，你明明会做啊！"

他回答："哦，这个就是马虎了。没办法，我这个人就这样，每次考试都会马虎，改不了。不过谁也不能保证 100% 对啊！"

看到了吗？我的同桌已经把自己"封印"了，他从心里认为自己是考不了班里前三的，更别说年级第一了。

Tips： 其实他的智商比我高，学习能力比我强，如果有足够的信心，再付出相应的努力，也是可以考上清华大学的，可惜最后他只考了所普通的大学。

有个记者采访过一位高考状元："学霸有什么特点呢？"她说："一天用完一支中性笔，我是'火箭班'的，我们班的同学都是如此。"

据我的观察，很多学生成绩不好实际上就是因为懒，连笔都不愿意动。

今天我要告诉你，你没考到班里前三，大概率并不是因为你的智商不高，而是因为你缺少合适的学习方法和持续的努力。有了合适的学习方法后，接下来就是努力再努力，这样成为学霸并非不可能。就像科比曾说的，"总有人要赢，为什么不能是我？"这种舍我其谁的霸气，一定要有。你首先要相信自己能学好，然后才能做到，勇气比什么都重要。这么说似乎有点空泛，我来教你霸气养成"三板斧"，帮你提升学习成绩。

第一板斧：想想自己的特长。不要觉得自己一无是处，每个人都有特长，踢球厉害、跑步很快、绘画逼真、唱歌好听、围棋五段、朋友众多等，这些都是特长。找到自己的特长，然后告诉自己：我已经拥有了第一个特长，我曾经为了拥这个特长投入了多少时间，付出了多少努力，如果我把这种努力用于学习，学习成绩自然也是不会差的。

第二板斧：每天写成功日记，记录自己的微小进步。每天你都会有各种各样的收获，比如今天背诵了 3 个单词，学明白了一个数学公式，搞懂了一个成语，和某个关系不好的同学和解了……这些都可以是你的收获。成功日记不用写太多字，每件事写上一行就可以，这能够极大地增强你的自信心，让你相信自己无往不利。

第三板斧：和学霸做朋友，向他学习。如果他不愿意也没关系，那你就在暗中观察，看他是怎么听课、怎么做笔记、怎么上自习课的，看看他一天投入了多少时间在学习上，他的精神状态如何，等等。这么观察一个星期后，你会发现学霸和"学渣"之间的差距主要就在于投入与否，你再也没有理由感慨学霸成绩好是因为智商高了。你首先要在时间投入上向学霸看齐，和他们一样努力。

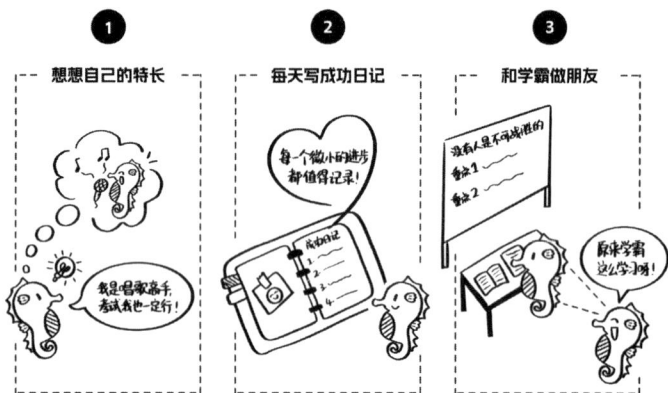

准备好了吗？赶紧去使用这三板斧吧。

05 | 智商自卑：普通人也能考上清华大学

每个孩子都是家里的宝贝，若你是在父母的夸奖声中长大的，那往往在不知不觉中就会形成这样的认知：我是与众不同的，是智商超群的，即使现在成绩不好，只要找到窍门，就能一举超越所有人。实际上这种思维很害人，下面说一个我的初中同学小 A 的故事。

小 A 智商比我高，记忆力比我强，我是怎么知道的呢？初中时，老师要求背诵全文有 100 多字的《爱莲说》，第二天检查。我之前已经预习过，对这篇文章算是比较了解，即便如此，当天晚上我还是背了一个多小时，才勉勉强强地将其背诵下来，想着第二天早读时再巩固一下应该就可以了。

小 A 到学校后，看到我在背诵《爱莲说》，才想起老师留的作业。他立刻就着急了，于是也跟着摇头晃脑地背起来。听他读这篇文章我明显感觉到他没有预习过，因为他第一遍读得一点儿都不顺畅。

然而就是在这个前提下，他居然比我还要先背下来。以这样的智商和记忆力，他的成绩应该比我还好吧？事实恰恰相反，他的成绩在班上处于中等偏下水平，连高中都没考上。曾经有一段时间我很佩服他，觉得他很有"想法"，很有"个性"。这里举几个例子。

他看不起老师，尤其是数学老师，因为数学老师是新调过来的，比我们大个七八岁，讲课时有点儿照本宣科。小 A 觉得自己比老师强，经常在课上故意找碴儿，一旦老师说错了话或者写错了板书，他就特别兴奋，在下面起哄。

他还故意"交叉学习"，即在数学课上写语文作业，在语文课上写英语作业，在英语课上又去写物理作业，他还扬扬得意，觉得自己很厉害，结果所有的老师都不喜欢他。刚开始，负责任的老师还会提醒他，可在他不管不顾几次以后，也就随他去了。

他还喜欢研究偏题怪题。也不知他是从哪里找来的试卷，里面的题目非常难，甚至很多是超纲题，他很喜欢用这些题目考我，以难倒我为乐。最开始我还赌气去做这些题，后来就不怎么搭理他了。

正是这些"特立独行"的行为最终把他害惨了，他的基本知识掌握得很不扎实，整个人都是浮躁的，考试只能勉强及格。然而即便事实摆在眼前，他依然觉得自己比其他绝大多数人都厉害，成绩不好也并不是自己的原因。

实际上，绝大多数情况符合正态分布（见下图）：特别好的，只有那么几个；特别差的也不会太多。大部分人都是普通人，要承认自己的普通，用普通人的标准要求自己，而不要自以为是。有了这种心态，你还要做到下面几点。

1. 承认努力的重要性

作为普通人要想成绩好，就必须投入足够多的时间，量变引起质变；不要想投机取巧，这样才能静下心来学习。

2. 承认提高成绩需要时间

每一个满分的取得都依赖日积月累的努力，不要妄图努力了一个星期就能有质的飞跃，你需要更有耐心。同时你也要相信，只要坚持努力，成绩自然会提高。

3. 承认自己需要帮助

当你遇到一个死活都搞不懂的题目时，不要在乎所谓的面子，去找班里成绩好的同学或者任课老师请教，用最短的时间搞懂知识点，提高学习效率。

有个人问班上的学霸："道德与法治这么难，你怎么能考这么高的分数？"学霸的回答是："我把整本书都背下来了。"能将课本内容全部记下来，往往就能在考试中拿高分。道理就是这么朴实无华。

最后需要说明的是，人会长大3次：

第一次是在发现自己不是世界的中心的时候；

第二次是在发现无论再怎么努力，对于有些事终究还是无能为力的时候；

第三次是在明知道对于有些事可能会无能为力，还是尽力争取做好的时候。

06 | 自证预言：自己诅咒自己记忆力差

上大学前，我一直认为自己的记忆力非常不好，所以我选择了理科。在高中的时候，对于文科类的内容，我每天都会背。对于古诗词，我每天背一次。遇到文言文，我隔三岔五还要抄一次。

有研究数据表明，死记硬背所需的时间是理解性记忆的 9 倍。而我觉得，这个效率差距可能不止 10 倍。对于数理化知识，我瞅一眼公式、做几道题就能掌握，而且两个月都不会忘。对于语文和英语的知识，我全靠花海量时间去背。因此，我觉得自己的记忆力不好。

走上社会以后，我发现这种现象很普遍。对大多数人来说，面对新任务、新挑战，自己对自己说的一句话往往提前决定了事情的成败，这句话就是："我不行"。这虽然听起来有点迷信，但确实有据可循。心理学中专门用"自证预言"来描述这种现象。

自证预言（self-fulfilling prophecy）是一种心理学现象，指人会不自觉地按已知的预言行事，最终令预言成真；也指对他人的期望会影响他人的行为，使他人按照期望行事。下面举两个例子。

如果你自认不适合学习，那即使有空闲时间你也不会用来学习，因为你认为学了也没用，最后考试考得一塌糊涂，你就对自己说："看吧，我果然不是学习的料！"

如果你认为某个人脾气不好，当他偶然看了你一眼，你会觉得他是在瞪你，然后你对他的态度就会很糟糕，对方当然也能感受到你的恶意，最终还你以颜色，于是，你得出结论："看吧，他果然脾气不好。"

人往往会不自觉地按照自己认可的预言行事。如果一开始就觉得自己某一门功课学不好，结果往往真的学不好。因为这句话变成了一种心理暗示，时刻影响着我们做事的态度、预期、目标和信念。

1. 态度不同，唤醒的记忆也不同

当我们觉得自己不行时，大脑就会自动唤醒各种相关的失败经历。比如，我曾经花3天时间背《岳阳楼记》都没背下来，在背诵过程中，我不仅死记硬背，而且没有及时复习。而这些错误的记忆方法被大脑保存成了备选的记忆方法。

当我背诵其他文言文时，一旦认为自己背不下来，大脑就会唤醒失败的记忆经历，同时也会用错误的记忆方法应对新任务、新挑战，结果可想而知，只能是再次失败。反之，当我们觉得自己能行时，唤醒的则是成功的记忆，正确的记忆方法就会被大脑自动采纳和应用。就像我学数学，单纯记公式记不住，但只要做几个与该公式相关的例题，马上就将它记住了，而且记得很牢固。

2. 预期不同，投入的精力也不同

对于新任务和新挑战，我们需要先了解和分析它们，然后才能想出解决办法。这需要耗费很多的时间和精力。对于一件事情，如果我们相信自己能够做成，那自然愿意付出更多的时间和精力。但对于一件注定要失败的事，我们则大概率会想着如何减少损失。

这好比今天要背《出师表》，我觉得自己背不下来，于是当我试着背了10分钟，发现确实没背下来时，就会直接放弃。结果自然就是，我真的背不下来《出师表》。

如果我要学习一个新的物理公式，又觉得自己对物理比较擅长，肯定能行，结果就会不一样。即使已经学习了半个小时还没搞定，我也会想：这个果然有难度，我再研究研究，应该再花几分钟就可以弄懂了。于是我坚持了下去，最终真的就搞定了。

3. 目标不定，专注的程度也不同

当我们没有确定做某件事的目标时，就意味着这件事做不做都行，这样我们就很难变得专注。只有专注，我们才有可能把精力全部聚焦在问题的解决上：仔细观察任务，发现其中的要点，与过往经历做对比，积极思考对策，等等。

如果一边做，一边想着是不是现在就放弃，注意力就会被分散，结果可想而知。每次背文言文，我满脑子都在想，这些文章真难背，怎么不取消背诵呢？这些文章背下来又有什么用，平时谁用文言文啊！多考一些数学公式多好啊！我的心思没有完全放在背诵文章上，背诵效果自然不会好。

4. 信念不同，对待困难的方式也不同

新任务和新挑战意味着会遇到以前没有遇到过的问题和困难。这需要我们有勇气去面对它们。若抱着必胜的信念，我们更容易坚持，会尝试各种方法，直至问题被解决；若抱着必败的想法，则只会感叹"果然搞不定"，往往很快就放弃了。

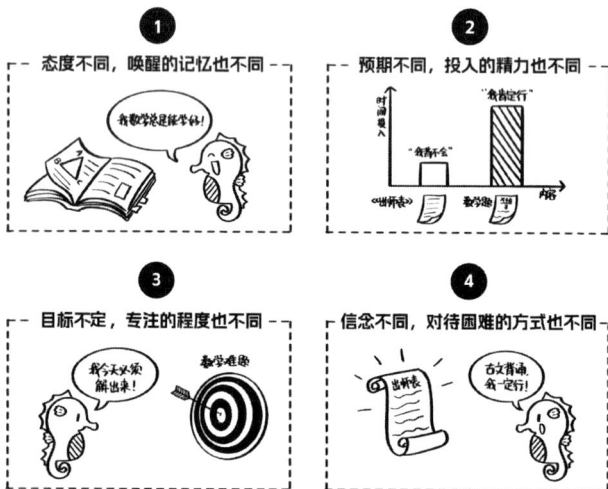

07 | 正反馈：在比较中获得快乐

2022 年 4 月 24 日是清华大学成立 111 年的日子，学校邀请许多校友参加校庆典礼，这一年也是我毕业的第 20 年。在水利水电工程系的茶话会上，系主任向校友们汇报清华大学最近几年取得的成果，其中就充满了比较。比如，学校这几年取得了多少技术创新成果，新建了多少个教育基地，培养了多少技术人才、商业人才，等等。在汇报过程中，他充满了自豪感和荣誉感。

你可能要问了，这是清华大学的事情，和我有什么关系？我研究了很久有关学习动力、内驱力的知识，发现它们的本质其实就是正反馈。那正反馈从哪里来呢？

很多书上说对知识本身感兴趣，就能体会到探索知识海洋的乐趣。这样固然好，但事实上，大多数学生往往没有这种感受，体会不到学习的乐趣，那该怎么办？以我为例，我虽然考上了清华大学，但我并没有你们想象的那么喜欢学习，对我来说，每天背古诗、背单词很痛苦，那我又是如何坚持下来的呢？

这就回到前面说的比较了。我喜欢和别人比，喜欢考第一和站在领奖台上的感觉，喜欢被全班同学瞩目的感觉。所以，我这里说的适用于我个人的正反馈是取得好的分数和名次。明白了原理，你也能爱上学习。具体怎么做呢？

1. 不设定不可达成的目标

比如本身是中等生，非要下次考年级第一，这种目标自带"放弃"

属性，越努力你就越绝望。要知道，考班里前几名的都是学习高手，超越他们并不是一朝一夕能实现的，你在努力，他们同样也在努力。

2. 瞄准一个合适的人作为目标

比如你现在是班里第 25 名，那就瞄准班里的第 24 名，下次考试超过他就算成功。一定要瞄准具体的人，这样你会更有成就感，正反馈也更强烈。这是你心中的目标，与他人暗暗较量即可，不要将这个目标告诉任何人。

3. 每个科目都要有目标

语文和张三比，数学和李四比，英语和王五比，他们应该都比你强一点点，你努力一下就能超越他们。相信我，当设定了合适的目标后，你会期待考试，会把每次考试都当成一局游戏。我在小学时成绩也不太好，后来就是用这个方法突飞猛进的。

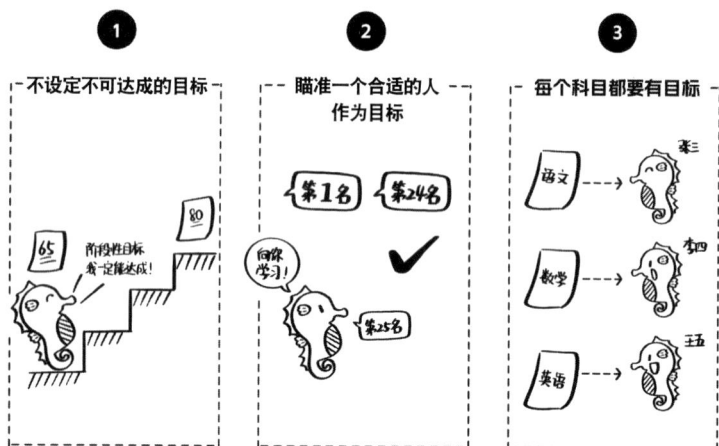

最后总结一下，不要羞于比较，不要害怕竞争，年轻人就要自信起来！

08 | 心流体验：让你忘记学习时间

说个好玩的事情：我在小学二年级时，也是个"熊孩子"。在 30 年前的农村学校，操场就是一大片土地，没有水泥地面，也没有塑胶跑道，操场中间杂草丛生，只有最外面的一圈因为学生们长期跑步被踩得从来不长草。

一到课间休息，我就和同学们去草丛里捉虫子、做各种小游戏。有一次，我捉到一只特别大的蟋蟀，正好要上课了，我舍不得扔，就装到小纸盒里带到了教室，放到了书桌桌洞里，准备下课再接着玩。

这一节课是考试，老师发了试卷后，我就开始认真作答，那时真的是心无旁骛。在答题的过程中，我隐约听到同学们在发笑，最初声音不算大，我也没在意，毕竟考试更重要。可声音越来越大，整个教室都变得乱哄哄的，我很无奈地抬起头，结果被吓了一跳：老师就站在我旁边，手里拿着我装蟋蟀的小纸盒，而大家都在冲我做鬼脸，我却不知道老师是什么时候过来的。

这件事的结果如何不重要，我想和大家说的是我考试时的状态、做题时的状态。当我沉浸其中时，就会自动屏蔽外界的干扰，进入心流状态。什么是心流状态呢？简单地说，心流状态就是沉浸在某件事情中，感觉不到时间的流逝。你以为只过了 5 分钟，实际上却过了 1 小时。人们在看电影、打游戏时经常会有这种感觉。

处于心流状态时，人的精力高度集中，海马体异常活跃，它不断地激活各个脑神经区域，以便获取相应的信息。更可喜的是，若一个人经常处于心流状态，他的海马体也会被锻炼得更加强大、敏锐。

那么如何进入心流状态呢？这里告诉你 4 个步骤。

第 1 步，避免分心。把会吸引你注意力的无关的东西拿得远远的，先从物理上进行隔离。比如把手机放到另外一间屋子，至少别放在身边。我知道一个学霸，他自控力原本很强，住校以后，家长觉得他能管好自己，就给他买了手机，一学期后，他的成绩直线下降，因为他总忍不住玩手机。后来他痛定思痛，把手机交给家长保管，他的成绩也慢慢回升了。不要觉得你有强大的自制力，就可以抵制住任何诱惑。拒绝诱惑的最佳方式是远离诱惑。

第 2 步，给自己充足的时间。人们普遍认为，进入心流状态大约需要 15 分钟，而真正达到巅峰状态需要将近 45 分钟。因此，一次学习 30 分钟左右是不够的。在规划学习时间时应至少留出 90 分钟，最好是留出整整两小时。为什么会这样？因为存在"注意力残留"现象：当你从任务 A 转移到任务 B 时，注意力并没有即时转移到处理任务 B 上，仍然残留在原处，过渡时间为 15 分钟左右。学习时，最好能长时间完成单一任务，使注意力残留的负面影响降到最低，这样才能深度学习，更快地进入心流状态并保持。从这个角度说，一些同学一会儿学语文，一会儿学数学，一会儿学英语，效率一般不会太高。

第 3 步，拥有清晰的目标。将任务拆分，在一整块的时间内，保证自己是有目标的、身心愉悦的。比如写作文时，如果你擅长遣词造句，但构思情节对你来说非常困难，那就不妨提前构思好情节，然后在一大段时间内只遣词造句，填充内容。这样你就可以一直沉浸在心流状态中。

第 4 步，给自己一点挑战。当你走出自己的舒适区，但并没有远离舒适区时，你最有可能进入心流状态。这听上去有点难懂，我给大家举一个例子。一套试卷中 85% 的题目对你来说很简单，只有 15% 是有难度的，这种情况下你的效率最高，你最容易进入心流状态。如果题目太简单，完全没有挑战性，大脑会感觉无聊；如果题目太难，50% 都不会做，大脑会疲惫，容易放弃。

马上行动起来吧，看看你在学习时一般都会被什么干扰，明确后赶紧"断舍离"。比如你在写作业时，父母经常打断你，给你送水果、倒水，那现在就和他们说说心流状态的概念，告诉他们，他们的关心会严重干扰你进入心流状态。

第三章

Chapter Three

融合旧知识：
学习中的马太效应

　　大脑记忆的本质就是在各种信息之间建立起联系。建立起的联系越多，信息越容易被记住。若没有联系，就变成了记读音、记书写，即死记硬背。后者看似记得快，但也忘得快。本章将告诉你如何把知识连成片，记得更牢更久。

01 逆袭神话：这是极少数觉醒者的专利

我的本职工作是图书策划人，我曾经采访过很多清华大学、北京大学的学生，也出版过好几本与"逆袭"相关的书，都非常畅销。这给人一种错觉：逆袭似乎很容易，好像谁都可以逆袭。真的是这样吗？我在采访了很多学生后发现，真实的情况是：强者恒强的同时，弱者也是恒弱的。绝大多数"学渣"并不会逆袭，而是会继续"渣"下去。

为什么逆袭这么难？我以解数学题为例进行说明。

题目：已知两个条件，需要使用定理 A 和定理 B，经过 3 次计算后才能得出正确答案。

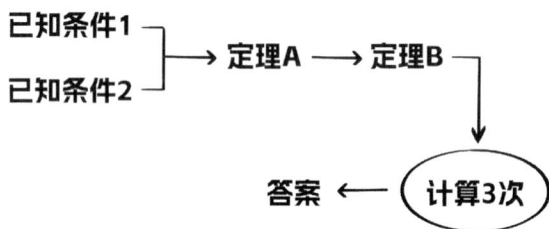

这个过程看上去很简单，只有几步，但要完成，则必须满足如下条件。

● 准确理解定理 A 和定理 B 的内涵。

● 知道定理 A 和定理 B 的应用场景，能套用到本题中。

● 将已知条件和定理结合，计算 3 次后得出答案。

对于"学渣"来说，每一步都有坎。

● 对定理不熟悉，甚至不知道它们的使用条件。

● 找不到题目中的数据和定理中的参数的对应关系。

● 不具备相应的解题技巧。

本质上，这是因为大脑中没有形成相应的神经回路，无法从记忆中提取正确的答题方法。"学渣"要先搞懂概念、弄明白定理、厘清解题思路，而这些对他们来说都是挑战，他们需要消耗很多能量，很容易因疲惫而放弃。这就是逆袭过程中的第一个拦路虎。

假设"学渣"下定决心，有足够的自制力，拼命学习，最终搞懂了这些知识点，接下来就能逆袭了吗？当然不是，即使学会了，也可能因为紧张、发挥失常等，导致成绩依旧没有明显提升，这就很容易打击他们的信心，使他们垂头丧气，放弃继续努力。这是第二个拦路虎。

绝大多数学生会被这两个拦路虎打倒，只有少数学生能够披荆斩棘，成功逆袭。这样的学生有如下特点。

1. 曾经当过学霸

在小学或初中，他们也曾是学霸，后来因为各种原因变成了"学渣"（比如家中出现变故等）。某天觉醒后，他们开始奋起直追，重新回归学霸队伍。

2. 家庭氛围好

父母没有强压孩子，孩子始终生活在安全、温馨的环境中，没有被过度指责过，只是开窍得比较晚。这样的孩子幸福指数高，很少内耗，一旦开窍就会成为黑马。

3. 小时候进行了海量阅读

这类孩子初期一般不显山、不露水，考试成绩也不太好，他们仅仅能跟上大家的学习进度，然而当积累到一定程度时他们往往会爆发。尤其到了高中阶段，要学习的知识很庞杂，这类孩子因为之前就有了相关的积累，学起来会更加轻松。

4. 受强烈情感的驱使，产生了强大的学习动力

比如，突然理解了父母的辛苦，想要报答父母；特别渴望理想的生活……这些人都是"狠人"，能对自己下"狠手"，有很强的自制力。

5. 身体好，心态好

这部分人过得最从容，学习没有那么拼命，但也没有懒散拖延。其实很多老师对这类学生恨铁不成钢："你要是再努力一点，就能提高……"可不管怎么说，他们一般都不为所动，最后的黑马反而常常是他们，因为他们心态好，考试状态好。而精神始终紧绷的学生，心理压力一大就容易考砸。

6. 遇到合适的老师

有些学生成绩差，和老师有很大的关系，原因有很多种，如老师讲得不清楚，或学生对老师有意见（或老师对学生有意见），导致学生因为不喜欢某个老师而不想学习某个科目。一旦换了合适的老师，学生的成绩就会快速提升。

如果你现在成绩一般且想逆袭的话，仔细对照上面 6 点，看看你可以从哪个或哪些角度来突破。

02 | 认知超载：为什么有些学霸变成了"学渣"

从高中开始，每门功课的难度加大，知识量增多，很多学生一下子应付不了，变得手足无措。知识量大、知识抽象、逻辑复杂，都容易导致学生的认知超载。

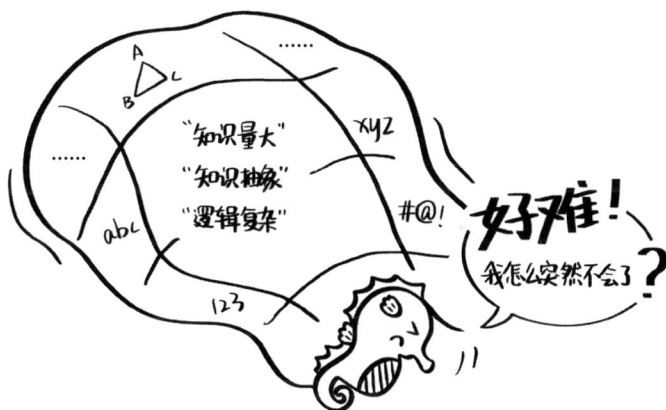

一旦认知超载，大脑就会感觉烦躁，学生就会无法集中注意力，感觉学习难度变大，甚至认为自己变笨了，尤其以前觉得自己聪明的学生，面对这样的打击往往会受不了，进而更加学不进去，这会进一步加重认知超载的问题，导致学习进入恶性循环，成绩越来越差。很多学生意识不到认知超载的危害，通常采用本能去应对，这里有两个

典型的例子。

- 小 A 很好强，不断地努力思考（即重复），最终熬过认知超载期，进入正常的学习轨道。在旁人看来，小 A 很聪明，实际上这不是聪明，而是努力。

- 小 B 有点懒，重复次数不够，知识漏洞越来越多，跟不上课程进度。在旁人看来，小 B 不够聪明，甚至小 B 自己也认为自己不够聪明，实际上只是他不够努力。

认知超载很好地解释了为什么有的小学的尖子生到初中变成中等生，初中的学霸到高中变"学渣"。当知识超过一定数量，以前的学习方法失效，学生就会感到巨大的失落。如果没有正确的疏导，光靠自己摸索，学生会走不少弯路，一旦气馁，成绩也就会跟着下滑。

知道了问题的源头，接下来该怎么解决呢？ 4 步教你摆脱认知超载。

第 1 步，降低预期。如果你只有考 50 分的水平，那就不要妄想一下子考到 90 分。首先要巩固自身，在此基础上谋发展。比如下次考 55 分就是胜利，从倒数第一变为倒数第二就是胜利。这样压力小，有盼头。

Tips: 降低预期关键是能减少内耗，你不会天天想着"我怎么这么笨，以前能听懂的，现在怎么听不懂了"，先认可自己目前跟不上的现实，这样才能心平气和地学下去。

第 2 步，分解任务。不要语数外、史地生一起抓，每段时间掌握一个科目的知识点，比如最近一个月只搞定数学的函数部分，这样能有效降低认知超载的影响。

第 3 步，一对一请教。老师在课堂上讲课，只能照顾大部分学生，不可能只关注某一个人。所以你一定要主动找老师和同学请教，不要觉得不好意思，他们一般都是非常乐于帮忙的。

第 4 步，坚持锻炼。从逆境中崛起，需要有良好的身体、良好的心态，不要总是待在教室里。当你感觉心情压抑的时候，去操场上跑几圈，或者和同学打打球，这能让你变得心情舒畅，重新充满力量。蓄能完毕再去学习，效率会高很多。

据我的观察，所有成功逆袭的"学渣"，都经历了以上 4 步，无一例外。有家长助力，逆袭能容易些；没有家长助力，就需要学生有强大的精神力量。成功逆袭之后，学生整个人将会脱胎换骨。

这里再补充一下，从"学渣"到学霸的逆袭过程是有沉寂期的，这是什么意思呢？

有很多初中生、高中生咨询我，他们成绩不好，憋着一股劲想要逆袭，同时也畅想自己从"学渣"逆袭为学霸之后能扬眉吐气，可结果却令人失望。他们很想知道自己哪里做错了。

经过了解，我发现他们都是在间歇性努力、持续性躺平，最后哀叹"我果然不是学习的料"！我编辑过很多与逆袭相关的书，也和这些书的作者进行过深入沟通，他们中有些人从年级倒数，直接逆袭考上清华大学，而他们有个共同的特点：最少经历了半年的沉寂期。

什么是沉寂期？在下定决心努力、做好学习计划、严格按照计划执行后，往往还要等上半年，才会看到成绩的明显提升。这半年就是沉寂期。

很多学生因为熬不过这半年，总想着只努力一个月，甚至一个星期就看到成果，最后只能大失所望，灰心丧气地认输。

逆袭不是一句口号，也不是努力一下就能做到的。你要知道，之前你许多单词都不知道是什么意思，许多公式都没搞懂，许多古诗都没背下来，仅凭一个月的努力，怎么可能轻易超过其他同学？

在沉寂期，必须耐得住寂寞，静下心来"熬"，虽然在成绩上看不到明显提升，但你其实是能感受到自己的进步的：上课时能听懂了，作业越写越轻松，知道自己为什么被扣分……

　　记住这句话：不要让任何事情打败你，将挫折视为学习和成长的机会。挫折不是失败的代表，它只能说明你暂时还不行，还要继续努力。

03 | 鸡尾酒会效应：抓住关键词

这是学霸小 A 的故事。上小学时，老师要求学生们给课本包书皮，那时候小 A 只有 6 岁，包不好，于是请妈妈帮忙。妈妈边包书皮边和他说："别看课本这么厚，其实精华都在目录上，目录是一本书的灵魂，如果你能把它抓住，就能轻松考满分。"

小 A 牢牢记住了妈妈的话，利用假期，把目录抄写了很多遍。不要小看这个动作，抄完以后，相应关键词就进入了他的大脑深处。等到上课的时候，当老师讲到这些词，小 A 的海马体就会提高警惕："注意，注意！重点来啦。"小 A 立刻会把注意力转移到黑板上，吸收速度超级快。这就是"鸡尾酒会效应"。

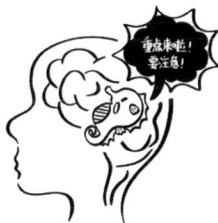

学霸听课时　　　　　普通人听课时

嘈杂的酒会上，别人说的话你怎么都听不清；但是如果有人提到你的名字，你立刻就能分辨出来，并且自动把注意力转移到说话的人身上。学霸在上课时也会走神，可一旦老师讲到关键点，他们就能立刻将注意力集中起来。

这是学霸和成绩一般的学生的区别，同样坐在教室里听讲45分钟，学霸能吸收95%的知识，而成绩一般的学生通常只能吸收70%，两者间的差别在于学霸会主动思考，而主动思考的前提是预习。

这里有个误区，很多学生认为，反正老师上课要讲，预习不是浪费时间吗？更有甚者会大叫委屈：课后作业都完不成，哪有时间预习呀？这里和大家说一下预习的好处。

1. 预习能让你提高听课效率，抓住重点

比如一节课有3个知识点，你预习的时候，已经搞懂了前两个，最后一个不太明白，上课的时候就可以集中注意力弄懂这个知识点。如果没有预习，你就会平均分配注意力，等到老师讲第三个知识点时，你稍一走神就漏掉了。

2. 预习会让你更好地掌握老师延伸拓展的内容

有些老师讲课比较深入，会涉及一些课本中没有的内容，如果不预习，你就很容易漏掉这些知识点，以为课本中都有。这些内容并没有超纲，而是和课本中的知识紧密联系、经常交叉使用的。有些老师可能还会讲一些课本中没有的解题技巧。

3. 预习能够加深记忆

我尝试过预习以后再听课，这样在晚上睡觉前我还能回忆起课上的大部分内容。我印象最深的是初中学尺规作图，当时预习了好几遍都没弄明白，上课时我便紧盯着老师，生怕错过细节。那节课我感觉过得非常快，我也终于明白了尺规作图的奥秘，那天晚上睡觉前，我连老师的表情和动作都能回忆起来。

4. 预习能够减少笔记内容

预习以后，你会发现课堂笔记居然变少了，为什么呢？因为你知道哪些内容书上有，没必要再记，只需要记录关键内容，这样就不用埋头苦写，可以把宝贵的精力用在思考和记忆上。

04 | 遗忘曲线：遗忘的规律是什么

我们为什么会觉得自己记性差？因为我们都有"忘性大"的切身感受。比如，上完一节 45 分钟的课后，我们发现已经忘掉老师讲的一半内容。晚上吃完饭，我们竟然都忘了老师留了哪些作业。这个时候，我们就得翻一下书本，找出标记作业的地方。等到第二天上课，老师回顾昨天课上讲过的内容，我们还会想，昨天老师有讲过这么多内容吗？

千万不要因为这些就认为自己记性不好，因为这都是符合遗忘规律的正常现象。这个规律早在 100 多年前就被心理学家证实了。1885 年，德国著名的心理学家赫尔曼·艾宾浩斯经过大量实验，发现了遗忘的规律。学习结束之后，遗忘立刻开始，并且开始阶段遗忘速度非常快，之后迅速递减。遗忘过程中有以下几个关键时间点。

- 20 分钟后，忘记 42% 左右。
- 1 小时后，忘记 44% 左右。
- 1 天后，忘记 74% 左右。
- 1 周后，忘记 77% 左右。
- 1 个月后，忘记 79% 左右。

艾宾浩斯遗忘曲线

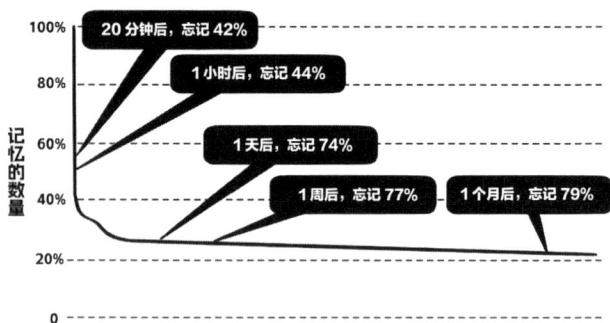

虽然遗忘是必然的，但我们有办法对抗遗忘，那就是复习。复习也可以称为再次记忆。复习得越频繁，对抗遗忘的效果就越好。但由于每次复习都需要付出额外的时间和精力，因此我们需要选择一个更高效的复习方式，用尽量少的复习次数，得到更好的复习效果。

经过心理学家研究，记忆后只要进行 5 次复习，就基本可以把信息长期保存在大脑中。

- 第一次复习安排在记忆结束的 5 分钟内。
- 第二次复习安排在 20 分钟后。
- 第三次复习安排在第二天。
- 第四次复习安排在两周后。
- 第五次复习安排在两个月后。

这 5 次复习适用于需要长期记忆的内容。如果记忆的目标只是通过下周考试，就需要重新安排复习的时间，并将复习次数缩减为 4 次。例如，第一次复习安排在刚刚记忆完，第二次复习安排在 20 分钟后，第三次复习安排在第三天，第四次复习安排在考试的前一天。

遗忘并不可怕，因为这是自然规律。只要我们了解了遗忘的规律，合理安排自己的复习计划，就可以轻松应对，形成长期记忆。

05 | 知识孤岛：最容易被忘记的内容

艾宾浩斯教授的结论是不是很有道理？甚至在网络上搜索"艾宾浩斯"，能发现上千种商品，比如艾宾浩斯英语单词记忆本、艾宾浩斯遗忘曲线复习计划、艾宾浩斯大学生考研默写本……销量都很高。

这些商品真的管用吗？其实不一定！

回想一下你的学习过程，对于一个新知识点，你真的遗忘得那么快吗？理论上一天会遗忘 74%，实际上可能并没有那么多。我上学时，经常听完课，写作业，然后再也没复习过，一周后仍然能记得清清楚楚；你去海底捞吃火锅，过了一个月还能记起好吃的毛肚；小学和同桌打了一架，都过去 5 年了，依旧记得这件事。这些事为什么不符合遗忘规律呢？

根本原因在于，艾宾浩斯教授的实验和你想的不一样。他要求实验对象记忆无规律字母串，过一段时间检查遗忘比例。实验对象记忆的是"无规律字母串"，这属于难度较大的语义记忆，这种记忆的内容本身就容易遗忘，再加上这些字母串没有实际意义，忘得就更快了。

Tips：我们可以把这些字母串理解为一个个"知识孤岛"，它们没有含义，不能用已有的知识解释，这种内容才符合遗忘规律。

延伸一下，如果你掌握的单词少，每个单词对你来说都是崭新的，那你可以利用遗忘曲线加深记忆；如果你已经有了一定的词汇量，掌握了词根的意义，遗忘曲线对你来说就不适用了。

比如你知道 act 是行动的意思，就可以记住 action（行为）、

active（积极的）、actual（实际的），再延伸一下，还可以记住 actor（男演员）和 actress（女演员）。

海马体对"知识孤岛"有天然的排斥行为，对于以前没见过的知识，它会认为是不重要的，从而自动忽视这些知识。要避免"知识孤岛"现象，必须强行为新知识赋予意义，比如背诵 worry（焦虑），可以想象自己回家忘记带钥匙，又联系不到父母时，感觉很"worry"。这样虽然听起来有点无厘头，但对记忆新知识是有好处的。

06 | 15% 法则：让你越学越带劲

上课时，你的感受是什么？相信不同的学生有不同的答案。

● 爱回答问题的学霸会说，上课很有意思，我始终在认真听讲。

● 中等生会说，上课还行，我偶尔会走神。

● 排名靠后的学生会说，老师讲的我几乎听不懂。

可能有人会说，中等偏下的学生上课不认真，所以成绩不好。其实这还真不怪他们，课上的知识对他们来说太难了，听课就像听天书，这样是无法长期坚持的。

为什么会这样？因为我们需要依靠已知的知识去理解新知识，当一个新知识能被旧知识解释时，就能在大脑中激活成片的神经元，从而被我们学会、记住；面对不能理解、不能解释的新知识，我们就只能死记硬背，这样不仅费时费力，效果还不好。

比如，我要形容一个孩子古灵精怪，说他像孙悟空，几乎大家立刻就能联想出孙悟空的故事，比如大闹天宫、学七十二变、三打白骨精等，过几年都不会忘。

Tips: 如果我把孙悟空换成樱木花道，这是日本动画片《灌篮高手》中的角色，可能只有一小部分人知道他，不知道他的人在理解时难度会上升很多倍，因为这不能成片地激活他们大脑中的神经元。

那么，在什么情况下，学习的效率最高，学生更愿意学习呢？美国亚利桑那大学对此进行了研究。这里先分析两种极端情况。

● 即将学习的知识，学生都掌握了，那学起来会索然无味，没有进步感。

● 即将学习的知识，学生完全不会，压力特别大，有挫败感，就会很快放弃。

那么，会与不会之间应该有一个最佳比例，不会的知识占多少，学习的效率最高呢？亚利桑那大学通过人工智能和神经网络的反复测试，得出了关键数据：15%。

也就是说，新知识占15%的时候，学生的学习效率最高，而且学生更有动力学习。这是本节的理论基础，下面是推论，听我一一道来。

1. 考试成绩85分，收获最大

绝大多数学生追求考满分，从获得成就感的角度来说这是好的，但是从实现进步的角度来说并不好。因为满分意味着没有错误，这套试卷并没有发挥查漏补缺的作用。

如果分数太低，比如只有60分，那就说明错误太多。这样根本订正不过来，一看到试卷就心烦，也就没心思订正错题了。曾经有一位家长找我抱怨，他家孩子上初二，成绩很差，每次考完试都把试卷弄丢，也没机会订正，我想这个孩子八成是因为错题太多不想订正才把试卷弄丢的。

2. 调整难易程度，有15%的题目不熟悉

有些人在小学时成绩很好，是老师的表扬对象，他也把自己定位成"学霸"。到中学后，课业压力增大，当年的学霸因为某些原因开始跟不上课堂进度，不会的知识点越来越多。成绩也从100分慢慢下滑到70分，甚至50分，这时该怎么办？

部分孩子不接受现实，继续强跟课堂进度，听不懂也要听，试图用自制力强迫自己学习，结果往往失败。正确的做法是，从课本的第一页开始学起，确保自己能做对大部分题目（也就是85%左右）后再继续学新知识，这样越学越有信心，再挑战剩下的难题也就更容易了。

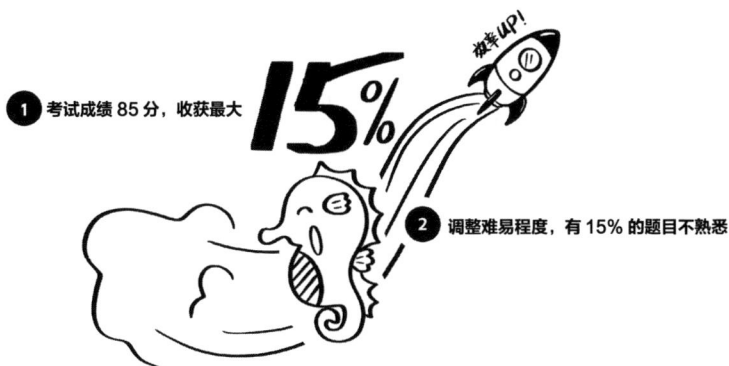

① 考试成绩 85 分，收获最大 **15%**

备考 UP!

② 调整难易程度，有 **15%** 的题目不熟悉

15% 法则在生活中也无处不在，是高手的秘密武器。当你学得特别累，要坚持不下去的时候；当你学得特别无聊，昏昏欲睡的时候，赶紧用它校准一下。

07 | 费曼学习法：教是最好的学

我有个弟弟，比我小3岁，我们的反应速度、做事风格，甚至性格、习惯都很相像。那么，我弟弟的最高学历是什么？你来猜一猜。

…………

好，我来揭晓谜底：他初中都没毕业！

同样的父母、同样的教育方法、同样的小学老师，为什么我和弟弟在学历上的差距这么大？在我考上清华大学后，我对这个现象很感兴趣，就开始研究脑科学、心理学，尤其是各种高效学习方法等。我最后得出的结论是，我和弟弟从上小学开始，就变成了截然不同的两类人，我在学霸的道路上一路狂飙，而弟弟在"学渣"的道路上越走越远。

造成这种差异的最大原因，就是学习方法不同。我在无意中掌握了高效的学习方法，越学越起劲，始终是年级前几名；而弟弟没有掌握好的学习方法，成绩一路下滑，问题越积越多，最终放弃学习。

你可能会好奇，写书哥用了什么神奇的学习方法？答案就是费曼学习法。理查德·菲利普斯·费曼是美国著名的物理学家，因为在量子力学方面的研究成果获得了诺贝尔物理学奖，也是世界上第一位提出纳米概念的人。他是微软公司创始人比尔·盖茨、苹果公司创始人乔布斯的偶像，绝对天才级的人物。

在和弟弟聊天以后我发现，从我们第一天上学差异其实就产生了。

1. 我的故事

40年前，我第一天上幼儿园，当时农村的幼儿园很简陋，连正经的教室都没有。幼儿园老师带着村里的十几个孩子在麦田的空地上学习，老师拿着小木棍在土地上写字。我记得特别清楚，老师写的是耳朵的耳，这是我学会的第一个汉字，当时我如获至宝，牢牢将它记在心中，准备回家告诉妈妈。

下午放学后，我一蹦一跳回到家里，当时妈妈正在后院做家务，我很骄傲地问她："妈妈，你知道耳朵的耳怎么写吗？"妈妈正在忙，就随口说了一句："不知道啊！"我的炫耀心油然而生，也像老师一样，找了根小木棍，在地上歪歪扭扭地写下了这个字，然后告诉妈妈："你看，这就是'耳'。"

我妈故作惊喜地说："哇，原来这就是'耳'啊，你可真厉害！"

于是我的虚荣心得到了极大的满足。我当时很得意，暗下决心：我要把所有的字都记下来，写给妈妈看。这就是我最开始的学习动力。

在这个动力的牵引下，我越学越好，成了班上的第一名，虽然班上只有十几个同学，但成为第一名也是很值得骄傲的。

2. 我弟弟的故事

他一上小学，就活在我的"阴影"下，因为他的小学老师刘老师也是我的小学老师，而刘老师特别喜欢我，经常拿我举例，鼓励其他同学。

我弟弟上学后，刘老师认为"写书哥"的弟弟，成绩一定差不了，一开始就给了他很高的期待。结果弟弟的成绩一般，再加上弟弟没有因为学习被激励过，在老师的高期待下，弟弟总是达不到老师的期待，慢慢地就厌学了。

最长的一次，弟弟连续几个月没去上学。他白天背着书包假装上学，然后去村里玩，晚上再背着书包回家。那时还没有电话，老师和家长之间沟通很少，而农村的孩子突然辍学也很常见。我父母以为他在上学，而老师以为他辍学了。直到有一次父亲路遇刘老师，这才真相大白。但一切为时已晚，弟弟最后初中都没毕业。

3. 区别在哪里

听完我和弟弟的故事，你肯定会觉得很奇怪：这和费曼学习法有什么关系？费曼学习法的核心就是用输出带动输入，也就是说，教是最好的学。我的上一本畅销书《费曼学习法》中有详细阐述。如果你想成为一个好学生，最好能站在老师的角度思考，先成为一个好老师。

而我在妈妈面前炫耀自己学会了耳朵的"耳"字，给同学讲题，甚至做到一题多解，这些都是在教别人，也就是输出。每一次输出都能强化记忆，还能提升自信心，这让我感到舒适。在一次次正反馈的激励中，我走上了学霸之路。

而弟弟很可惜，他没有找到属于自己的正反馈。

4. 费曼学习法的步骤

费曼学习法能够刺激大脑思考，加深记忆，让人在短时间内吸收知识。分解下来，使用费曼学习法共有5步。

（1）确立目标。比如搞懂一道数学题就是一个很明确的目标。目标越具体越好，初期不要贪多，搞懂一道题就好。

（2）整理资料。针对一道数学题，不仅要知道解题步骤，还要弄懂相关的概念，以及每个概念背后的意义。这就需要我们做好笔记，整理好相关资料。

（3）复述出来。脱离上一步整理的资料，用自己的语言讲出来，这是费曼学习法的核心。如果讲不出来或者讲得模棱两可，那说明还没有真正理解相关概念，要从头学起。

（4）回顾反思。说出来以后，再和答案、课本对照，看有没有错误，查漏补缺。

（5）强化训练。反思完毕后，再找几道类似的题，看能不能顺畅地做出来。如果能毫不费力地搞定，说明我们真的理解了。

我发现，很多学生一做错题就去对照答案，然后一拍脑袋说："啊，我懂了！"其实，他只做到了费曼学习法的第二步，仅仅完成了 40%，并没有完全消化吸收相关知识。这么做，离成为学霸还差 3 步呢。

① 确立目标	② 整理资料	③ 复述出来	④ 回顾反思	⑤ 强化训练

第四章
Chapter Four

海马体编码：
从短期记忆到长期记忆

当一个知识点被重视，海马体就会对其进行编码，重新排列组合，存放到新皮层，以便日后提取。海马体相当于一个中转站，用于临时保存短期记忆，然后再判断如何处置这些短期记忆：是把它们遗忘还是转为长期记忆。

01 | 恐惧背诵：我曾经是记忆小菜鸟

　　在图书馆总能挖到宝，尤其是在清华大学的图书馆。当我第一次进去，我就挖到了宝——全套的金庸小说。于是接下来的一个月，我天天都去图书馆，不断地借书、还书。舍友都调侃我："你这么爱看小说，应该选文科。"

　　我不无遗憾地回答："我记性太差，文科要背的东西偏多，我根本记不住；还是理科适合我，大部分理科知识只要理解了，自然就记住了。""哼！"舍友夺过我手头的《天龙八部》，指了指扉页："这本书150万字，你都认识吧？里面的词语至少有几万个，你也认识吧？你咋能说你记性不好？"

　　舍友的几句话一下点醒了我。确实，我已经把《天龙八部》快读完了，还没遇到不认识的字，更没有不理解的词。也就是说，我的大脑不仅记住了理科那数以千计的各种解题技巧，还记住了这么多字和词，此外，还有许多电影、电视剧和综艺的片段，我都能脱口而出。为什么我还觉得自己是记忆小菜鸟呢？事实上，很多时候，我们确实会这样想。

　　比如，考试的时候，曾经做错的题又错了，我们会说自己记性差；出门忘了带钥匙，我们会说自己记性差；承诺要给朋友的生日礼物忘了买，我们会说自己记性差。

　　实际上，"我记性差"是我们避免被惩罚的借口。毕竟，人总得给自己犯下的错误找个理由，不然无法逻辑自洽。

Tips： 我们在知道自己原本能做到，但没有做到的时候，很容易陷入自责、自我厌恶的情绪中，这是一种非常糟糕的情况。为了避免这种情况，"我记性差"这个不痛不痒的理由就显得尤为好用了。

但这个理由容易使我们回避真正的问题：我到底错在哪里了？有没有办法改正？如何改正？比如，错过的题又错了，是不是因为这个知识点还没掌握？如果是，那就重新复习一下，重新巩固一遍，再做一遍类似的题目。如果不进行这些步骤，问题就会反复出现。

实际上，这类问题的症结是你高估了自己的记忆力，同时低估了记忆的难度，从而导致投入的精力不够。要是把错过的题目抄在错题本上，多看几遍，理解得更深一些，就不会再错；要是把钥匙及时放回包里，出门时也就不会忘拿了；要是花上两分钟时间在手机上设置一个定时提醒的闹钟，也不会忘了买礼物。

如果你也和我一样，不用担心，通过本章的学习，你可以快速唤醒海马体，提升记忆力，让你的大脑像照相机一样好用。

02 | 学会分类：让你效率倍增的记忆方法

同样是刷题，学霸刷一道，顶10道；"学渣"刷10道，顶一道。问题出在哪里？出在这里：是否对题目进行了分类总结。分类是人在认知事物时的本能。学霸主动利用本能，"学渣"则违背本能。分类的作用到底有多强大呢？我们来看一下关于苹果和红富士的思想实验。

如果我说"苹果"这个词，你会想到什么？

● 苹果像一个小皮球，圆圆的。

● 苹果从外到内，分别是皮、肉、核。

● 苹果皮有红色的、绿色的，也有黄色的。

关于苹果的信息，我们还能说出一大堆，如口感、营养、大小、重量等。那如果我说"红富士"这个词，你会想到什么？它是一种苹果，个头比较大，皮是红色的，很甜。然后，你就会发现，你有点卡壳了。因为大脑能直接给你的信息往往就这么多。

为什么"苹果"一词可以让你一下子滔滔不绝说出几十上百条信息，而"红富士"一词只能让你说出几条信息呢？这就是分类的作用，在处理信息的时候，大脑会把信息按照事物的类别进行分类，并且构建层级。

苹果是一个类别，红富士是苹果的一个子类别。苹果这个类别保存了所有苹果的公共信息，而红富士这个子类别只保存了红富士这个品种的特有信息。当我说"红富士"这个词时，你能立刻想到它是一种苹果，却不会去想所有苹果的公共信息。

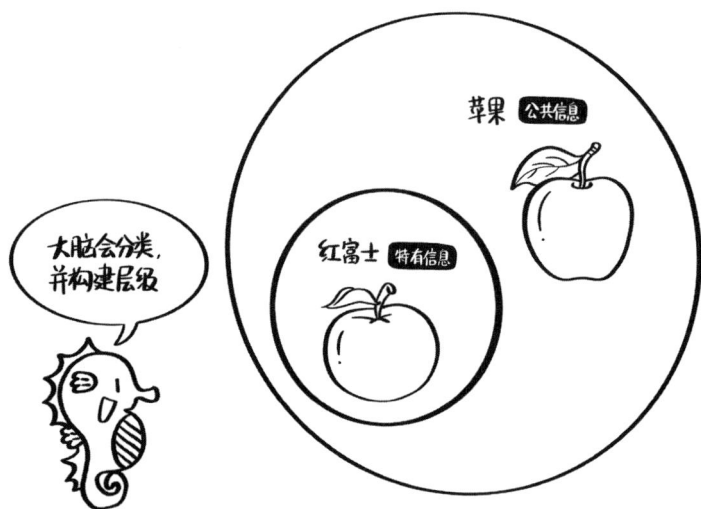

苹果 公共信息

红富士 特有信息

大脑会分类，并构建层级

分类对于提高记忆的效率有很大的作用。因为我们在了解苹果这个大类别后，再遇到苹果的子类别，只需要记忆其特有信息就行了。

1. 分类能减少记忆量

这在学习中也是普遍存在的。比如，对于等边三角形，我们只记忆两条信息，即 3 条边相等、3 个角相等。

至于三角形的公共特征，我们并不需要再重新记忆。不仅在记忆知识点时可以如此，在记忆解题思路时也可以如此。一个知识点的考查方式只有几种，每种类型的解题步骤也是大致相同的，其中只有 2~3 步有差异。

所以，只要对题目进行分类，整理出各种特征和规律，解题思路的记忆量可以直接缩减一半以上。而为了记忆一种解题思路，我们往往需要刷 4~5 道题。一旦对习题进行了分类，我们便可以省 80% 的刷题时间。

2. 分类让你效率大增

分类不仅可以减少对知识的记忆量，还能减少新知识的学习量。比如，现在流行"嘎啦苹果"，看到这样的词，我们马上就能把苹果的各种信息套在这个词上：这种苹果肯定能吃，具有苹果的形状，并分为皮、肉、核3层。

当我们拿到一个苹果后，不会被苹果的公共信息干扰，能直接寻找它的特殊点，如颜色鲜亮、果肉金黄、口味酸甜。

学习也是如此。昨天学了三角形，今天老师教等腰三角形。这时候，我们只要关注与"等腰"相关的新信息，而不用再关注"三角形"所包含的旧信息。如果不进行这样的分类，我们就得不停捕捉各类信息，忙着把所有信息都抄在笔记本上。

一旦输入的信息超过大脑可接收的范围，大脑就会直接将信息一刀切，切掉所有过载的部分。也就是说，输入100条信息，大脑可能切掉90条，只保留10条，其中真正的新信息只有3~5条，其余的90多条虽然没有产生价值，但却消耗了宝贵的注意力。这就导致了听课效率低。

同样的课，进行了信息分类的学生觉得老师讲得太慢、内容太少，学不够；而未进行信息分类的学生觉得老师讲得太快、内容太多，跟不上。

3. 分类形成做题直觉

当我们面对不完整的信息时，分类就会发挥独特作用——推导。比如，有人从口袋里面拿出一部手机，手机背后的标志只从我们眼前闪过0.2秒。只有一个简单的轮廓，但我们能判断那是一个苹果的形状，从而猜出这是一部苹果手机。通过特征信息进行推测，同样是人的本能。

这种现象在学习中的常见表现就是做题直觉。举个例子。

（1）学霸第一眼看到题目，发现里面有一根弹簧和一个斜面，他马上就意识到，题目考查的是胡克定律和力的分解。

（2）顺着这个特征信息，大脑就开始提取相关内容：需要获取弹性系数 k、斜面的角度等信息。在后续读题的时候，学霸就会下意识地寻找这些信息。每找到一个信息，信心便增长一分。

（3）可能题目还没有读完，需要的信息就全被找到了。这时候自然可以顺利地下笔解答了。

这样做题速度能不快吗？

03 | 最怕没意思：我给儿子买了台苹果电脑

2022 年 5 月，全市的中小学生在家里上网课，我儿子也不例外。上了一周后，儿子非常郁闷："爸爸，我的电脑有问题，每次老师提问我都想回答，可是按钮被挡住了，根本没法'举手'，憋死我了！"

怎么回事呢？儿子上课用的是 ClassIn 软件，这是一套在线教室直播系统，老师讲课，学生听课，学生还可以做作业、回答问题等。不知道为什么，用 Windows 版本的 ClassIn，老师的直播窗口在最前面，不可移动，正好挡住了"举手"按钮，儿子只能干着急。奇怪的是，有些同学却能正常举手。

后来儿子和同学们聊天，发现有些同学使用 Windows 版本的 ClassIn 也能"举手"，有些则不能；而那些用 iPad 或者苹果电脑的同学，都能"举手"。问题到了我这里：要不要换下去年刚买的 Windows 系统的电脑，换一台苹果电脑？说实话，我的内心是拒绝的。

在我犹豫之际，儿子说服了我："看到别的同学'举手'回答问题，我只能干着急，上课都没意思了。"

"没意思"这3个字对我的说服力太大，如果儿子因为不能"举手"而上课走神，甚至心生怨气，那就会直接影响他的学习兴趣。于是我立刻下单，买了台苹果电脑。果然药到病除，有了新电脑后，儿子不能"举手"的问题迎刃而解。事后儿子和我分析，苹果电脑对他的帮助有3点。

其一，努力争取来的权利会被格外珍惜，所以他特别积极地回答问题，尤其是在学他擅长的地理、生物、历史这些科目时，老师提的问题中有一半都被他回答了，他因此成就感满满，听课效率特别高，根本不存在走神、偷懒的情况。

其二，为了能回答正确，他必须提前预习，知道老师要讲什么，否则万一回答错误，在同学中多没面子，这让他在无形中养成了预习的好习惯。我早就和儿子说过，预习很重要，可他就是不听，没想到用一台苹果电脑解决了问题。

其三，加深了记忆。儿子和我说，上课回答问题后，对知识的印象特别深，因为回答问题时需要同时调动大脑、眼睛、嘴巴、耳朵，要高强度思考。有时候他以为自己理解得很透彻，回答的时候却还会卡壳，需要重新组织语言。我认为这种回答得磕磕绊绊的问题最值得重视，属于"夹生饭"，相应的知识点也是考试时容易丢分的点，他需要重点复习。

04 | 记忆宫殿：发挥想象和联想

　　我们觉得记忆很难，那是因为我们在死记硬背。比如，"故天将降大任于斯人也，必先苦其心志，劳其筋骨，饿其体肤，空乏其身，行拂乱其所为，所以动心忍性，曾益其所不能"。这段话是我高三那年花了一周才背会的，到现在为止，我都能脱口而出。但这段话是什么意思，出自哪里，我根本不记得。

　　我只是把字词的排列顺序记在脑子中了，这就是典型的死记硬背，除了可以完成填空题，基本上没任何用。这种记忆方式是最低效的。而与之相对的是运用想象和联想进行记忆的方式。想象和联想也是各种记忆技巧的本质。

　　1. 什么是想象

　　想象是记忆的内在组成部分。例如，我们要记忆"玫瑰花"这个词。从表面来看，这就是 3 个字。死记硬背的话，就是记忆这 3 个字的顺序。但从想象的角度来看，我们需要不断地想，玫瑰花是什么样子的，闻起来是什么味道，摸起来是什么感觉，什么场合会出现，甚至用来泡茶的口感是怎样的？想得越多，我们对"玫瑰花"就有更多的了解。

　　这是一种直接的理解。从记忆信息的角度，从简单的 3 个字扩展出一堆信息，称为记忆信息的精细化。看似需要记忆的信息变多了，但实际上更容易记忆了。因为左右大脑都参与了这个精细化的过程，信息反而被记得更牢固。

2. 什么是联想

联想是在想象的基础上对信息做进一步加工，从想象事物的属性拓展到其他相关的事物上。例如，玫瑰花是红色的，颜色类似的有月季花；玫瑰花经常用在求婚的场合，常与之一起出现的还有钻戒。这些能够联想到的事物都是已经存在于我们记忆中的。通过将新的信息与旧的信息建立联系，我们能对记忆的对象有一个间接的了解。

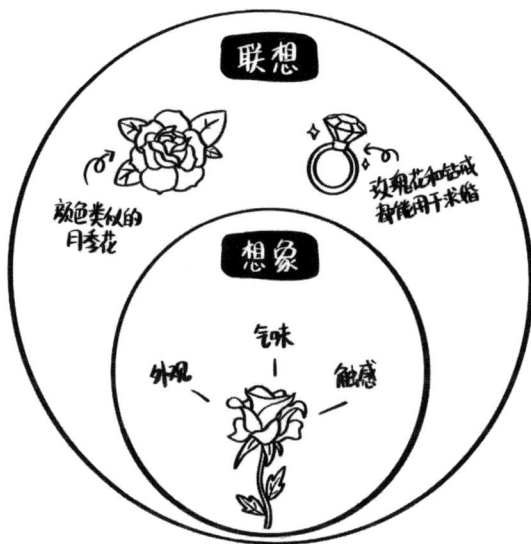

同时，在联想的过程中，我们能够巩固原有的记忆。这种方法的效率非常高，因为每次联想耗时不到几十分之一秒。也就是说，我们可以在一秒内完成几十次的联想。这比我们拿起笔记本复习的效率高几百倍。

Tips： 一旦通过联想的方式建立起一个知识体系后，只要学习新知识，旧知识就会被巩固和强化，基本不需要再专门复习。

所有的记忆方法都是以想象和联想为基础，对信息进行形式化和套路化的结果，包括世界记忆大师比赛中用的各种记忆方法。这里给出福尔摩斯的秘密武器——记忆宫殿。福尔摩斯除了有很强的推理能力外，其记忆力也是非常惊人的。他采用记忆宫殿的方式，能够记住海量信息。那么什么是记忆宫殿呢？

记忆宫殿象征任何我们熟悉的、能够轻易想起的地方。因为人类很善于记住熟悉的场所。

把你想记忆的知识和你熟悉的场所相对应，就像把知识装到你自己的宫殿中一样。记忆宫殿虽然听上去很深奥，但操作起来只要5步。

1. 选择宫殿

一定是你非常熟悉的地方，比如学校、家里、办公室或者你的身体。这将是你的大本营。

2. 选择特征物

在宫殿中选择30个以内的特征物。比如，你可以选择学校的各个教室作为特征物。为什么要限定30个以内？因为太多了大脑记不住。

另外，这些特征物要有先后顺序，依次排列好。没有顺序，就是杂乱无章的，无法用于记忆。

3. 牢记下来

把自己的宫殿和特征物牢牢记住。在脑海中亲自走上几遍，当你看见那些明显的特征物时，大声地重复。在纸上写下选择的特征物，在脑中巡视。这一步要重复很多次，因为这是在训练你的形象思维。

4. 建立联系

将你选择的特征物和你想记住的知识结合起来，这称为记忆挂钩。

5. 反复训练

以上是具体的步骤，为了使它们变成肌肉记忆，需要刻意练习。每当想记住什么东西的时候，脑中要立刻呈现你的记忆宫殿，这才算成功。

举个例子，长江干流分别流经青海、西藏、四川、云南、重庆、湖北等11个省、自治区和直辖市，这11个地方怎么记呢？

第1步，分配记忆宫殿（比如，你把学校作为记忆宫殿，把每个教室作为特征物），将每个教室分配给一个特定的地方。例如，将数学教室分配给青海，将物理教室分配给西藏，以此类推。

第2步，走进你的记忆宫殿，在每个教室里放置与这些地方相关的图像或物品。例如，在数学教室里放一幅青海湖的图像，以表现青海的特点。

第3步，在每个教室里进行一些有趣的活动，将这些活动与你刚刚放置的图像或物品联系起来。例如，在数学教室里讨论青海湖的地理特点或者相关的逸闻趣事，以此类推。

第4步，重复这个过程，直到你能够轻松地回忆起每个教室及其对应的地方。

赶紧建造你的记忆宫殿吧，然后把知识统统装进去。

05 | 劳逸结合：大脑也需要补充能量

每个班上总有几个刻苦用功的模范学生。上课的时候，他们在背书；下课了，他们也在背书；走路的时候，他们在背书；吃饭的时候，他们还在背书。除了睡觉，他们似乎一直在背书。但据我观察，他们往往不是班里的前几名。我问他们，这样学不累吗？他们说："没办法，笨鸟要多飞。"

这种"马拉松"式的记忆，我实在接受不了。下课后，我都会休息一会儿，出去走走。吃饭的时候，我会和几个好友聊会儿天。现在回想起来，我很庆幸，没有像他们那样记忆。因为进行"马拉松"式的记忆完全是错的。

提出遗忘规律的赫尔曼·艾宾浩斯还发现了另外一个记忆规律。如果把学习时间分割为 15~45 分钟的片段，每个片段间隔 5~15 分钟，记忆效果会更好。因为在接收新信息的几分钟之后，大脑会进入回忆模式。

在这个模式下，我们的记忆力会被逐步加强。如果长时间持续学习不休息，大脑就无法进行巩固，反而会对记忆产生各种干扰。比如，前面学习的内容会阻碍对后面学习内容的记忆，形成前摄干扰；后面学习的内容会破坏对前面学习的内容的印象，形成后摄干扰。为了避免这些干扰，学校对每节课的时长和课间休息制度进行了规定。

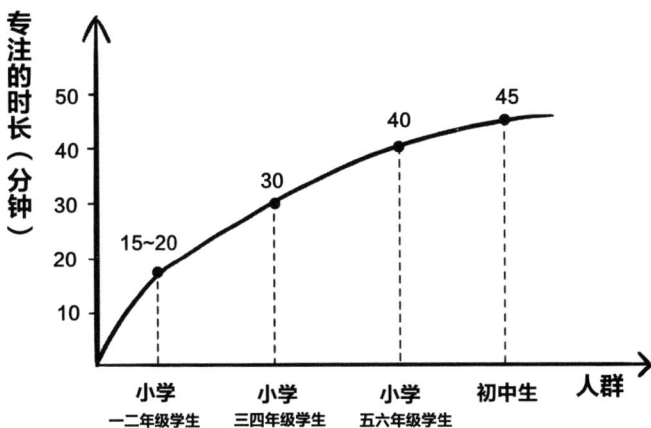

另外，每个人能专注的时长虽然不尽相同，但绝对不是无限长的。比如，小学一二年级学生的专注力可以持续15~20分钟；三四年级的学生可以持续30分钟；五六年级的学生可以持续40分钟；初中生可以持续45分钟。

第二章08节中提到，为进入心流状态规划时间时最少需要90分钟，而一堂课只有45分钟，这是不是矛盾呢？其实，心流状态是理想状态，很多人进入不了这一状态。我采访过很多学生，他们只有在个别时间段进入过心流状态，在绝大多数时间段内的学习状态不好不坏。

而上课具有强迫性，即使没有进入心流状态，也要学习，在这种情况下，能专注45分钟就很不容易了。

当持续学习的时间超过极限时，人就很难保持专注。这时候，我们会出现分心、走神等情况，记忆效率也会直线下滑。所以，与其低效学习，不如停下来，让大脑进入回忆模式，进行记忆巩固。

在休息时间，我们可以做些什么？不要进行太多脑力活动，如打游戏、看书等。因为这些活动会使大量新信息进入大脑，阻碍大脑进入回忆模式。

最佳的选择是运动。久坐会让身体机能降低，新陈代谢变慢，血液中的含氧量减少。而大脑对血液中的含氧量减少极其敏感。一旦血液中的含氧量减少，大脑细胞的活跃度就会降低。

所以，趁着休息时间活动一下，让四肢动起来，使心跳适当加快。这样，会有更多的血液流到大脑，为大脑提供更多的氧气和营养，从而保持大脑细胞的持续活跃。

这就像跑步。持续跑就是一直跑，直到自己跑不动。另一种是间歇跑，快速地冲刺跑一会儿，再走一段，然后再跑。同样的时间内，间歇跑的锻炼效果往往更好。所以，千万不要把记忆当成跑马拉松。

这一节的内容，本质上就是老师经常提到的"劳逸结合"。最后要说的是，"越努力越幸运"并不准确，准确的说法是"越有效努力越幸运"。

06 | 番茄工作法：提高专注力的"神器"

我上学的时候，老师怕下课时忘记布置作业，就会在正式讲课前先布置好。班里就出现了几个"神人"，他们总觉得老师讲得太慢，于是一边听课，一边写作业。老师发现了，批评他们说："课上走神 5 分钟，课下 1 小时都补不回来。"但这些人总是不服气，结果他们的作业总是犯各种错误。他们又不好意思再去问老师，知识就掌握得越来越不扎实。

"课上走神 5 分钟，课下 1 小时都补不回来"虽然听起来有点夸张，但实际上说得一点都不过分。根据人的记忆规律，我们听到的、看到的信息，进入大脑后只能保存十几秒。如果没有后续的加工和处理，大脑就会忘记它们。这就是通常说的"左耳朵进，右耳朵出"。似乎都听见了，却什么都没记住。另外，注意力总在不同的事物上切换，也不利于记忆。

大脑在工作记忆空间中处理信息。这个空间的特点就是小，小到只能同时保存 3~5 条信息。记忆时每次一想其他的事情，就会用新的信息替换掉原有信息。这就像我们上学时用的课桌，左边摊开一本书，右边展开一个本子，桌上就没有空地方了。如果想要打开其他的书，就得收起原来的书或本子。如果十几分钟收拾一次，没问题；如果几秒钟就收拾一次，那就什么正事也干不了。

工作记忆空间就存在这样的问题。如果我们同时想两件事情或者更多的事情，大脑会 2~3 秒就切换一次所考虑的事情，它很快就会变得疲惫不堪。也正因为如此，我们才需要更强的专注力。

专注力就是不被其他因素干扰，将注意力集中在当下事物上的能力。这是一种后天可以培养的能力。培养专注力，实际就是培养我们专注干一件事情的习惯。这种习惯可以自然获得，如我们经常沉浸于做自己喜欢的事情；也可以主动养成，比如经常冥想就可以培养专注力。

另外，我们还要积极消除外界干扰。对于我们在意的事情，大脑会不断地提醒我们去做，比如要订中午的外卖，下午要买生日礼物。这些事情会不时地冒出来，进入工作记忆空间，干扰我们的思绪。对于这些事情，最直接的解决办法就是用备忘录记下来。只要记下来，大脑就放心了，也就不再提醒了。而对于不能解决的烦恼，也可以用同样的处理方式：记录下来。如果有多项要完成的任务，就把任务按照优先级排个序，记到备忘录上。

在课堂上，有明显的学习氛围，有老师的监督，绝大多数学生都能好好听课，无论如何都能学到一些知识。但还有另外一个场景，就是上自习课或者回到家里没人监督时，学生该怎么靠自律学习？这时就可以采用番茄工作法来解决专注力不足的问题。

Tips： 意大利人弗朗西斯科·西里洛是一位重度拖延症患者，大学期间，他一度因为效率低下而烦恼。有一天，他做了一个简单的实验：他在厨房找到一个计时器，设置了一个 10 分钟的倒计时，强迫自己专注，结果发现效果很好。当时他用的计时器是番茄造型的，于是他把这种管理专注力的方法称为番茄工作法。

当你专注力涣散时，按照如下步骤操作。

第 1 步，选出最重要的一件事，比如做一套数学试卷、完成一篇文章的背诵等。事情一定要很具体、很明确，选择好后便可准备好学习资料，坐在书桌前。

第 2 步，设置番茄钟（可以用手表、手机或者其他计时器，也可以在网上购买专门的"番茄钟"），倒计时 25 分钟。接着在这 25 分钟里，集中精力只做这一件事情。

第 3 步，倒计时结束后，休息 5 分钟。

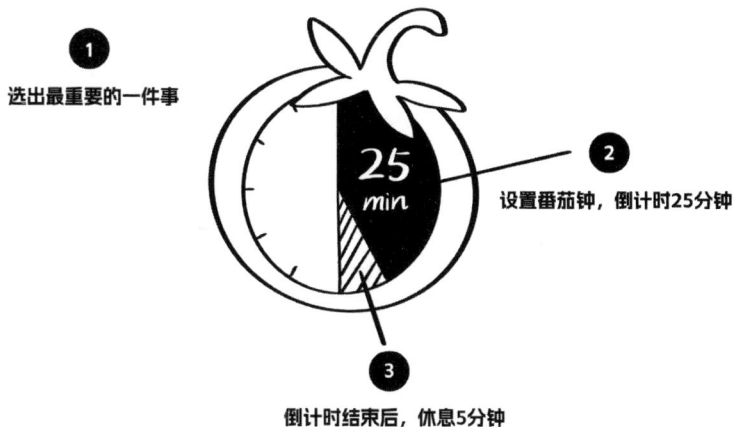

① 选出最重要的一件事

② 设置番茄钟，倒计时25分钟

25 min

③ 倒计时结束后，休息5分钟

看上去是不是很简单？番茄工作法最大的价值，就是解决了心理层面的内耗。人们有天然的畏难情绪，当发现一个事情很复杂时，人们就会想要逃避。这时候限定一个时间，大脑就会放松下来，因为只要扛过 25 分钟就可以休息了。很多事情之所以难，只是因为没有开始做，一旦开始做了，事情其实并没有想象中那么困难。而当我们开始倒计时后，大脑会立刻进入工作状态，这就解决了难以开始做事情的问题。

番茄工作法可以减轻"开始"的心理负担，就像要爬一座高山，当你看到那数不清的台阶时，就不由自主地萌生退意。如果使用番茄工作法，你就相当于告诉自己向上走 25 个台阶就可以休息一会儿。这样进行到最后，回头再看，你已经走过无数台阶，到达山顶了！

番茄工作法的时间设置并不是一成不变的，首先要测试适合自己的时间设置。初期专注力不强时，不一定要坚持 25 分钟，因为如果总是失败，会打击你的积极性，反而起到反作用。

我的建议是：先坚持 15 分钟；等适应了，再增加到 18 分钟，这样逐渐增加到 25 分钟。或者有一个大项目，需要集中精力 60 分钟，那就把番茄钟设置为 60 分钟。总之，工具和方法都是为人服务的，不要被其限制。

用了番茄工作法就能成功吗？不一定。因为即使我们使用了番茄工作法，也不代表专注力变强了，下面举几个典型例子。

1. 内部中断

周末是同学生日，你接受了邀请，但要送的生日礼物还没有准备好，你不由自主地思考这件事；明天有语文测验，你还有一首古诗没背诵，学习的时候总是忍不住担心。这些都是你自己的原因，属于纯粹的内部中断。

2. 外部中断

同学向你借橡皮，父母进屋给你倒水，班干部突然布置工作，等等，这属于第三方干扰。

这些中断都会影响学习效率。因为大脑容量有限，每次被打断后，大脑都要重新回忆之前的事情，从而耗费大量的精力。如果这是不可避免的，那应该怎么办呢？

1. 针对内部中断

一旦有了杂念，不要抗拒它，立刻将其写在纸上或记事本上，放到下一个番茄钟去做。这样也就耽误几秒，马上能继续之前的学习。

2. 针对外部中断

因为是外部原因，有其他人参与，似乎更难处理，这里可以分成两种情况。

（1）不用即时回复的打扰（如邮件、微信等），直接关闭相关提醒，稍后进行集中处理。

（2）需要即时回复的打扰（电话或者当面询问），请求对方稍等一会儿，等你学习完以后，再去找他。当然，如果是特别紧急的事情，你只能被迫中断。

总之，尽量保证番茄钟的完整，减少思维的切换。千万不要 A 进行一半，让 B 插进来；B 进行一半，C 又插进来……我们无法集中注意力，最后就会事倍功半。

专注，是更高级的自律；比勤奋更重要的，是一个人的专注力。

07 | 姚明和篮球：兴趣是最好的老师

我文科学得不好，尤其是历史人物总记不住。但奇怪的是，我对金庸小说里的各个人物都能记得非常清楚。无论是《神雕侠侣》中的杨过和小龙女，还是《笑傲江湖》中的令狐冲和任盈盈，他们经历过什么事情，我都记得清清楚楚。我以前并不知道原因，后来发现，兴趣对记忆的促进作用是全方位的，远超想象。为什么兴趣会这么有效呢？

1.兴趣会影响记忆前的心态

内容是否有趣，会直接决定输入的状态。对于感兴趣的事情，大脑更能保持积极的态度。比如，我们在公园听到有人拉手风琴，如果你对音乐没兴趣，那手风琴声就只是一种背景音；如果你正好想要学习拉手风琴，就会主动分辨声音的来源，然后去一探究竟。

2.兴趣会影响记忆中的专注

当学习的内容比较枯燥时，人就很难保持专注，大脑会不自觉寻找有趣的东西。首先，它会从身边寻找有意思的东西，如漂亮的笔袋、一按就咔嗒咔嗒响的自动笔。如果找不到，大脑就会转向内部，去想最近发生的有趣的事情，或者以后要做的有趣的事情。在这个时候，听到的东西会左耳朵进，右耳朵出；看到的东西会过眼就忘。反之，如果学的东西有趣，大脑就会自动被吸引，将听到的、看到的都存入工作记忆空间。

3.兴趣会促进记忆后的复习

记忆后一般都需要复习，否则就容易忘掉记忆的内容。有趣的内容却不易被忘记，正是因为它有趣，我们时不时就会回味一下，这相当于自动复习。

比如，硫化氢是臭鸡蛋气味的，这是我在高中的化学课上学到的知识。虽然后来的生活和学习中都很少能再遇到硫化氢，但这个记忆足够有趣，所以到 20 多年后的今天，我还是清楚地记得这个知识。而同时期学习的金属离子是几价的，我已经快忘干净了。

Tips: "有趣"可以直接解决大部分的复习问题。

4. 兴趣会促进分享，从而巩固记忆

人是社会性动物。我们一旦发现有意思的事情，就会忍不住分享给其他人。比如，今天发现一家新开的餐厅不错，我们会主动分享给同事，甚至会发一条朋友圈。学习也是如此，当你学到一个有趣的知识点时，你会更愿意讲给同学听。

分享不仅巩固了记忆，还加深了对知识的理解。这就是费曼学习法的精髓。所以，我鼓励你把学到的知识分享出来，这是一种非常好的学习方法。

培养自己对所记忆内容的兴趣非常重要，我们可以发现内容表层的趣味性，也可以挖掘内容背后故事的趣味性，还可以发现形式上的趣味性。总之，找到有意思的点，对于学习有很大帮助。我们一旦形成了这种学习习惯，就会受益终身。

前面说了这么多兴趣的好处，你可能要问了：我就是不喜欢背单词，就是不喜欢学数学，看到它们就头疼，怎么办？

如果家长语重心长地告诉你："学好英语，以后你能接触到更尖端的科技；成绩好了，才能考上好大学。"你表面上点头如捣蒜："对对对！"可内心是不是嗤之以鼻："这是几年以后的事，我可没空想这么远。"如果事实是这样，那你不需要自责，因为绝大多数人和你一样，我也是如此。人光有长期目标是不行的，还要有短期目标刺激自己，这样才能时刻保持对学习的兴趣。我来给你讲几个学习的理由。

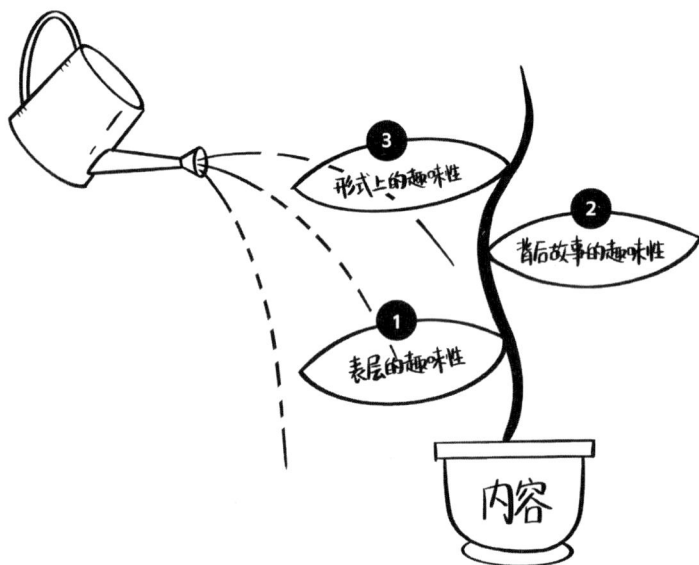

成绩好以后，你再也不会在课上昏昏欲睡，能跟上老师的思路，可以当着全班同学的面举手回答老师的问题，这种感觉很棒。

成绩好以后，你可以给其他同学讲题，尤其是给喜欢的同学讲题，就能多一些交流的机会。

成绩好以后，你在父母面前腰杆子可以硬起来，能争取更多权益，父母也不会总催你写作业、复习了，你变得更加自由。

你还可以挖掘其他乐趣，进而发现学习在很多方面都很有意思。

篮球巨星姚明在小时候其实不喜欢打篮球，他更喜欢历史、天文。他的心肺功能不太好，人比较瘦弱，除了个子高，他在打篮球上没有任何优势。姚明的父母送他去打篮球，只是想着能让他身体更强壮一点儿，不会总生病。打了一段时间篮球后，姚明开始享受在球场上与他人竞争的感觉，于是他不断精进技艺，最终取得了今日的成就。清华大学原副校长、著名生物学家施一公说："人的兴趣是可以培养的。"姚明的经历就完美地验证了这句话。

兴趣是可以培养的，想办法培养你的学习兴趣吧。

08 | 系列位置效应：选择记忆的黄金时段

想想最近看过的电影，有哪些情节让你记忆深刻？我的经验是，除了高潮部分，最能给观众留下印象的是开头和结尾。同样，在清华大学度过的 4 年本科生活中，我对入学和毕业的记忆更为深刻。这种记忆现象被心理学家称为系列位置效应。

系列位置效应描述的是：我们更容易将一个事件的起始阶段和结束阶段记得牢。比如，我们很容易记住认识某个朋友时的场景，从而形成对其的第一印象。同样，我们也容易记住与长久未联系的朋友最后一次见面时的情况。而中间的各种情形，都很容易遗忘。这种现象形成的原因是相似的记忆之间会互相干扰。

比如，我们要在 30 分钟内记忆 60 个单词。前面 20 个单词的记忆会受到中间 20 个单词的记忆干扰，最后 20 个单词的记忆也会受到中间 20 个单词的记忆干扰。而中间 20 个单词的记忆会受到前后各 20 个单词记忆的双重干扰。对比下来，首尾 20 个单词的记忆受到的干扰少，所以记忆起来会更容易。

理解系列位置效应后，我们就可以利用它来提升记忆效果。在我们一天清醒的时间中，早上起床是一天的开始，晚上睡觉是一天的结束。早上起床，我们的大脑还是一片空白，没有记忆任何内容。晚上睡觉前，我们的大脑即将进入休息状态。所以，我们在这两个时间段记忆的内容受到的干扰更少，记忆效果也更好。

同时，晚上睡觉前记忆还会有额外的巩固效果。因为在睡觉的时候，我们的身体开始休息了，但大脑并没有马上休息。它会在这个时间对信息进行自动清理和修复。

在清理过程中，大脑会把刚刚记忆的内容转为长期记忆。同时，大脑还会对记忆的内容进行整理，这种整理工作最直观的表现就是做梦，所以就有了"日有所思，夜有所梦"的说法。

很多学霸说的"睡前过电影"，回顾一整天学习的内容，就是基于这个原理。因为早上起床后和晚上睡觉前的学习时间并不长，所以我们需要提前做好准备。我们需要明确每天早上起床后记忆哪些内容，每天晚上睡觉前记忆哪些内容。另外，如果晚上睡觉前没有记住相应内容，也不要着急，可以将其写到一张卡片上，等到第二天早上起床时进行巩固。因为焦虑往往会引发入睡困难，从而影响睡眠质量，记忆效果反而会变差。

如果大家有午睡的习惯，还可以充分利用午休前后的两个时间段，这两个时间段同样非常适合快速复习。

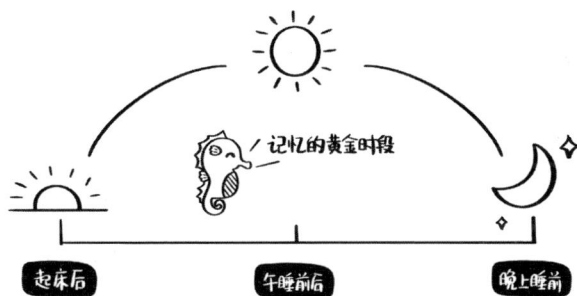

记忆的黄金时段

起床后　　午睡前后　　晚上睡前

最后总结一下，一定要避免如下情况：在早上刚起床和晚上睡觉前刷短视频、玩游戏。因为，这浪费的是一天中最宝贵的清醒时间，尤其是在睡前，还浪费了大脑自动巩固记忆的机会。很多学生在这方面吃了大亏而不自知。

09 | 老大难问题：古诗词应该怎么记

古诗词一直是我重点学习的内容，因为它在语文考试中出现的频率比较高。每次的语文试卷中都有古诗词填空题，少则 5 分，多则 10 分。如果回答不出来，那太吃亏了。但对我来说，古诗词记忆起来也很难。虽然每首古诗词通常只有几十个字，但我用几十分钟都不一定能背下来。现在回过头来看，其实只要结合视觉记忆，背诵古诗词很容易，只是那时候的我并没有掌握这一方法。

我同事家的孩子小 A，从小就喜欢画画，他在学古诗词时，他爸爸就鼓励他把古诗词中描写的场景画出来，他可以凭想象随意发挥。于是小 A 从 5 岁开始，每学一首古诗词就画一幅画，积累到小学时已经画了100 多幅，同时，他也清清楚楚地记住了这 100 多首古诗词。

Tips: 视觉器官是人类进化得最完善的感觉器官之一，不仅能感受到光的强弱，还能分辨颜色。与之配套的大脑区域则非常善于记忆图形信息，形成视觉记忆。

下面我们来做个小测试：现在请你闭上眼睛，开始回想自己的教室。想一想教室里面有多少张课桌？这些课桌是按照几排、几列摆放的？你自己的课桌在哪里？桌子上都摆了哪些东西？是怎么摆放的？这些问题你肯定都可以轻松回答，甚至能说出前后左右的同学桌上的物品摆放情况。这就是视觉记忆的强大之处。

这种记忆也可以帮助我们背诵古诗词。

《天净沙·秋思》

枯藤老树昏鸦，

小桥流水人家，

古道西风瘦马。

夕阳西下，

断肠人在天涯。

这是一首很有画面感的散曲。我们可以在大脑中想象与之相关的一幅画。

首先，找出散曲包含的视觉元素。比如，这首散曲中有枯藤、老树、昏鸦、小桥、流水、人家等。在寻找的过程中，我们需要了解每种元素的含义。例如，昏鸦表示黄昏时分归巢的乌鸦。理解后，我们才能在大脑中形成正确的图像。

然后，将我们理解的每一种视觉元素在画面中进行布局。比如把枯藤、老树、昏鸦安排在左边，小桥、流水、人家安排到右边。中间有一条古道，古道上有一匹瘦马，古道的尽头是夕阳。断肠人则在画面远处的山上，与家乡相隔千山万水。

接下来，让我们的视线开始游走，通常可以按照从左到右、从下到上、由近及远的顺序，感受画面中的每种视觉元素。比如，我们的视线从左边地上的枯藤开始，顺着枯藤向上，看到被枯藤缠绕的老树；顺着老树看到立在枝头的昏鸦。

左边看完了，视线转到右边，小桥的下面流水潺潺，经过了一处人家的房屋。视线再回到中间，古道破旧不堪，还不时刮过一阵阵西风，一匹瘦马孤寂地朝前走。由近及远，在古道尽头是即将落下的夕阳，最后看到远在天涯的断肠人。

《天净沙·秋思》

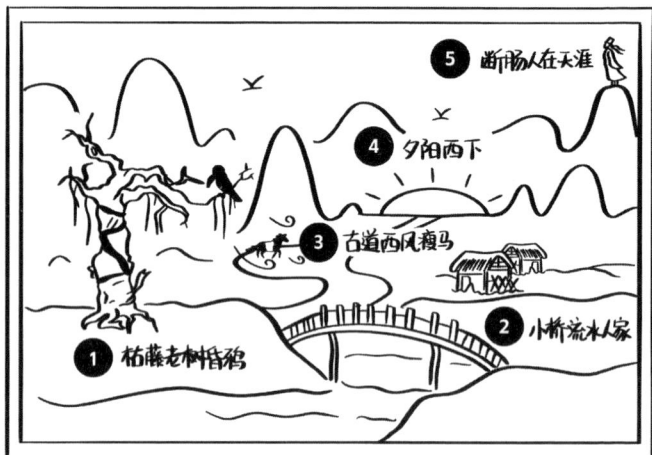

这样，一幅秋意瑟瑟的山水画就出现在我们的脑海中了。只要对着这幅画多念几次，就能牢牢地记住《天净沙·秋思》了。对于有时空变换的诗句，我们还可以构思动态的画面。例如，对于"一岁一枯荣"，我们可以想象随着四季交替，地上的草黄了又青。

所以，只要利用好视觉记忆，多想象古诗词所描述的画面，就能轻松记忆各种古诗词了。

10 | 变形记：快速记忆各种数字

学习历史、地理的困难之处在于有一堆数字要记忆。历史中，各个重大事件发生的时间需要记忆。地理中，各种面积、高度、百分比数值也需要记忆。而在生活中，数字也是最难记忆的一类内容，因为它更抽象。

比如，陪伴我们一生的身份证号是一串数字，是系统强制分配的。我们的手机号也是一串数字，大多没有什么特别的含义。各类历史事件发生的时间还是一串数字。这些数字一个比一个难记，但考试、生活中总是需要用到。想要记忆它们，就需要一点技巧了。

1. 挖掘数字背后的一些规律

只要是由系统产生的数字往往都有一定的生成规律。例如，手机号码共 11 位：

● 前 3 位表示运营商；

● 中间 4 位通常是地区号；

● 最后 4 位才是随机产生的数字。

而身份证号则有 18 位：

● 前 6 位分别表示出生所在的省、市、区、县；

● 第 7~14 位表示身份证持有人的出生年、月、日；

● 第 15~17 位表示身份证持有人在当地的顺序码；

● 第 17 位还代表性别，其中奇数为男、偶数为女；

● 第 18 位代表校验码。

前6位
省市区县

姓名 XX
性别 X 民族 X
出生 ～ 年－月－日
住址
公民身份号码 XXXXXXXXXXXXXXXXXX

第7~14位　　第15~17位　　第17位　　第18位
出生年月日　　顺序码　　性别　　校验码

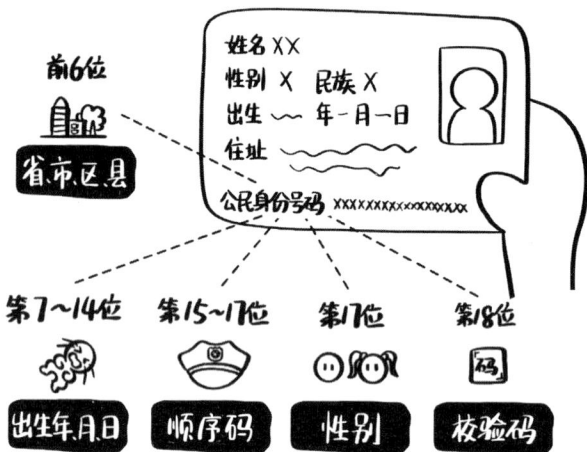

明白这些规律，记忆的时候就可以有针对性地分块，着重记忆没有规律的部分，如手机的后 4 位、身份证的校验码。

2. 为数字赋予一些意义

如果脱离具体的环境，数字将变得没有实际意义。为了强化记忆，我们可以为数字赋予一些意义。例如，秦国统一六国是公元前 221 年。当时，秦国位于现在的陕西。陕西方言中"我"的发音为"饿"，"饿"的发音与"二"类似，而秦王叫嬴政。为了记忆这个历史事件，我们可以想象一个画面。嬴政站在一群大臣（公务员）面前（公元前）大喊：饿（2），饿（2），统一（1）了六国。一个很有喜感、很有实际意义的画面，肯定能让我们轻松记住这个事件发生的时间。

一位音乐老师的方法很有趣，这里给大家介绍一下。在她的眼中，1、2、3、4、5、6、7不是数字，直接变成乐谱上的 do（哆）、re（来）、mi（米）、fa（发）、sol（索）、la（拉）、si（西）。遇到记忆数字的时候，他就将这些数字变成连贯的曲谱唱出来，记起来也非常快。

3. 使用数形系统

对于找不到规律和意义的数字，则可以使用数形系统记忆。阿拉伯数字 0~9 本身没有意义，我们可以通过它们的形状为它们赋予意义。比如，0 像足球或指环，1 像铅笔或棍子，2 像水上漂着的鹅，3 像弯弓或者手铐，4 像船上的风帆，5 像海马或者 S 钩，6 像高尔夫球杆，7 像镰刀或回旋镖，8 像雪人或眼镜，9 像气球或套索。

Tips： 通过这些形状，我们就可以为各种数字赋予意义了。例如，公元前 221 年，可以想象为一个叫"公元"的孩子，用一根棍子赶着两只鹅往前走，去庆贺秦王统一六国。

从记忆的角度来说，大脑擅长记忆有意义的信息。对于数字这类信息，挖掘规律、赋予意义才是最佳的记忆方式。对于找不到意义的数字，就根据形状将其转换为具象的物体，再赋予意义。

11 │ 猎枪策略：遗忘的补救措施

我们在考试时最怕什么？最怕平日会做的题目卡壳，死活想不起来怎么做。而出了考场，听同学一说，又马上想起来怎么做了。若是平时的小考试，我们可能会懊悔几天。若是在中考、高考时也这样，那我们有可能一辈子都会耿耿于怀。

出现这个现象的根本原因是记得不牢固。实际上，我们需要回忆的内容已经存入大脑中了。我们能隐约记得这个内容，对它们有很明显的似曾相识的感觉。

遇到这种情况先不要太着急，因为我们是有希望回忆起来的。回忆不起来是由于回忆的线索被其他东西干扰了，因此我们要集中精力寻找丢失的线索或者找到新的线索。

遇到这种情况，一定不要慌。先停下来，把笔放到桌子上。然后，闭上眼睛，深呼吸几次，让心情先平复下来。接着尝试一下猎枪策略，这类似于我们玩射击类游戏的情况。

首先，我们裸眼发现敌人的大致位置。其次，我们抬起枪并打开瞄准镜。我们通过准星瞄准，将所有的目光都聚焦在准星上，仔细观察。这时候，我们会忽略周边的动静，以减少干扰。最后，极度专注地寻找恰当的时机，扣下扳机。

所以，遇到想不起来的知识点时，先不要考虑和这个知识点无关的内容，更不要考虑那些让自己紧张的事情，如离考试结束还剩下多少时间、这个题目分值是多少。我们要将注意力集中到回忆这个知识点上。

比如，这个知识点是关于什么的，它有什么特性，它能产生什么作用，在什么时候会用到。挨个想一遍，顺着每一个问题可能涉及的细节依次思考，从中寻找记忆线索。如果大脑比较混乱，就在纸上列出来。

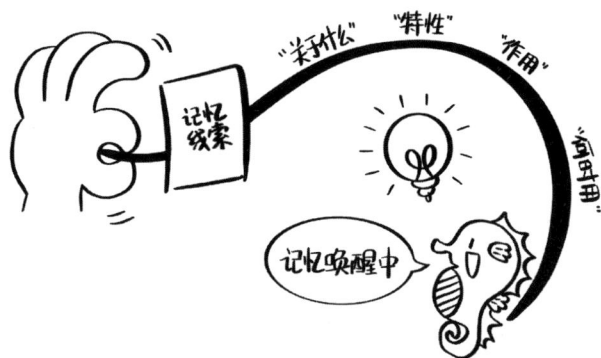

只要找到一个记忆线索，我们往往就能将相关记忆全部唤醒。

12 | 睡眠记忆：千万不要错过"躺赢"的机会

"睡前过电影"是很多人都听说过的学习技巧：每天晚上睡前躺在床上，想想今天老师都讲过哪些内容，今天都经历了哪些事情，有哪些需要总结。这个技巧虽然不清楚是谁最先提出的，但很多老师都很推荐。然而实际做起来，每个人的感受千差万别。那么这个技巧到底有没有用呢？当然有用！看我详细拆解。

第一个理论依据就是大家熟知的艾宾浩斯遗忘曲线。

当人记忆完内容后，接着就开始快速遗忘。如果不巩固，24 小时后就忘得只剩大约 26% 了。为了对抗遗忘，我们需要反复复习。每次复习都可以快速地将记忆量拉回 100%。在心理学领域，有一个术语叫作近因效应，其含义就是大脑默认对最近发生的事情印象深刻。而睡前复习内容，就能让近因效应起作用，所以记得很牢靠。

第二个理论依据就是记忆重放。在睡眠期间，大脑大部分区域都开始休息，但是很多区域会在休息后重新开始工作。白天记忆的东西会多次重新出现在大脑中，供海马体处理。海马体是大脑长期记忆仓库的管理员。它负责筛选信息，将它认为重要的信息转换为长期记忆。

在我们睡觉的时候，这位仓库管理员清闲下来，便开始一遍遍重放我们白天的经历。若发现有价值的信息，它就会帮我们记下来。

Tips： 记忆重放有助于形成更稳固的长期记忆。这也是我们有时候一觉醒来，觉得很多东西反而记得更清楚的原因。而睡前复习一遍当天学到的各种知识要点，就能提高这些内容在大脑中重放的概率和增加重放次数。

第三个理论依据是深度加工。当我们处于睡眠状态时，大脑还会对白天学习的知识进行深度加工。比如，从几个类似的题目中抽取共性的东西，形成解题思路。这个理论在生活中很常见。比如，对于白天没想明白的问题，晚上睡一觉，早上起来就有了答案。这就是因为晚上大脑对问题进行了深度加工，帮我们找到了解决办法。

如果在白天进行这个工作，我们需要刻意琢磨才能总结出一些思路，这个过程非常消耗脑力。但是，在睡眠期间，这个整理过程就变成了大脑的一种自发行为。很多学霸看似白天不努力，晚上还睡得早，成绩却非常好，就是使用了这个理论。

从这3个理论可以看出，在你睡觉后，大脑也在默默工作，这也就是本节标题中所说的"躺赢"。

这时，勤奋的同学可能会兴奋：我要睡前复习，我要当学霸！别急，这里还有个前提，就是不能让大脑过度疲惫，如果在很累的情况下强打精神复习，根本学不进去，也记不住，反而浪费了宝贵的睡眠时间，从而更加影响第二天的学习。长期这样下去，形成恶性循环，就不是"越努力越幸运"，而是"越努力越糟糕"了。

我的很多高中同学就犯过这个错误：晚上熄灯了，他们还要学习。他们躲在被子里，打着手电筒看书，经过这样的长期"努力"，他们眼睛近视了、上课迷糊了、成绩下降了，你说惨不惨？这就是方法不对，努力白费。那应该怎么办呢？请你严格遵守下面3个准则。

1. 控制睡前复习的时间

我们的身体有着强大的惯性。当我们躺在床上时，身体就开始放松，并且得到床给出的心理暗示——现在该休息了。这时候大脑就开始让各个区域逐步进入休息状态。如果躺在床上复习的时间太长，大脑会持续兴奋，就会干扰床对人的心理暗示。大脑会困惑，现在是该兴奋，还是该休息呢？一旦出现这种情况，就很容易造成入睡困难。因此睡前复习的时间不宜过长，最好不要超过10分钟。

2. 控制复习的知识量

为了减少复习的时间，可以提前将复习的资料准备好。我在读高中的时候，会利用晚上自习的时间，整理出两三张小纸条，在纸条上列出今天做错的题目、要记的单词。从教室出来后，我就开始反复想着这些内容。等到躺下后，再花3~5分钟瞅一眼小纸条，快速回顾一下。一旦有了困意，我就不再去想，直接入睡。

3. 允许自己记不住

记得有一次，我在小纸条上写了一个数学难点，准备晚上将它记住。半夜起来上厕所时，突然发现自己忘记这个知识点了，就有些着急，希望自己一定要想起来，然后大脑就清醒了，翻来覆去地想这个知识点，好久都睡不着。等到早上，我突然想起，枕头边就有小纸条，我为什么不去看一眼，非要自己想，弄得睡眠不足，白天一天都没精神。从此以后，我就不焦虑了，即使前一天晚上记不住也没关系，第二天早上再记一遍就行了。

第五章

Chapter Five

长期记忆：
听课和复习的终极目标

学习是个长期的过程，小学 6 年、初中 3 年、高中 3 年，学生们同时学习多个科目，该如何记住这么多知识点，并在考试时快速地提取出来，给出正确答案？仅仅拼时间消耗是远远不够的，学生们还需要找到正确的、符合大脑记忆习惯的学习方法，高效学习，高效记忆。

01 ｜ 卖油翁：刷题真的该被鄙视吗

大家都听过卖油翁的故事吧？里面那句经典的话"无他，唯手熟尔"，说起来很简单，做到却非常难。这里引用王川的几段话：

"很多我们以为非常困难的质量问题，本质上是数量问题，因为数量不够，差了好几个数量级。数量就是最重要的质量。大部分的质量问题，从微观上看就是某个地方的数量不够。

"一方面，当数量不够，底子不够厚时，很多事情是一定做不好的。即使有时看似有捷径可走，实际上由于缺乏数量和后劲儿，最终捷径会变成弯路或者死路。

"另一方面，所有的问题和疑惑，都需要达到一定数量之后，才可以轻松解决。可以说，'数量'就是'质量'，'更多'导致'不同'。"

这方面我的体会很深。刚开始上学时，我也没有什么好的学习方法，只知道死记硬背。遇到难点只知道不断地刷类似的题，直到总结出规律。小学时，有一类经典的百分数问题，如下：

一项工程，甲队单独做需要 10 天完成，乙队单独做需要 12 天完成，甲队的工作时间比乙队少百分之几？

这类题困惑了我好久，算式到底应该是（12-10）÷10，还是（12-10）÷12？老师讲了很多次，我依旧不理解，记不住。怎么办呢？刷题！我就把之前遇到过的所有同类题重做了一遍，然后找规律，结果我发现"比"后面的对象就是除数。现在我还记得当时的感觉：拨云见日、豁然开朗。从此以后，做这类题如砍瓜切菜一般容易，我再也没做错过。

刷题有时会被人诟病，比如浪费时间、浪费精力、没有效果，甚至会引发学生厌学，等等。作为智商中等的"做题家"，我很有发言权，我要大声说："要想考高分，刷题是必不可少的。在我看来，考试中的粗心、紧张、不会、发挥失常都源于刷题少！"

当然，刷题也要讲究方法，这里说一下我的心得。

1. 限时刷题，要求一定的准确率

做同样一套试卷（规定 90 分钟），小 A 用了 50 分钟，小 B 用了 80 分钟，很显然小 A 的做题速度更快。如果小 A 得了 80 分，小 B 得了 90 分，他们谁更优秀呢？自然是小 B，因为他充分利用了考试时间，取得了更好的成绩。而小 C 用了 100 分钟才完成，却只得了 80 分，这是很多中等生的现状。

能在考试期间集中注意力答题，这本身就是一种能力，也需要学生刻意练习。经常有学生写作业写到半夜 12 点，家长还感到很欣慰，认为孩子很努力。

但家长可能不知道的是，孩子的注意力其实并不集中，他一小时做的题还不如学霸半小时做的多。这样的学生参加考试会非常吃亏，而限定时间刷题能有效解决这个问题。

高三时，我曾这么训练自己：用一节课 45 分钟的时间，完成数学试卷最后一道大题以外的所有题目，同时要求 100% 的准确率。在这种高强度的训练下，我的大脑变得异常灵敏，看到题目就能立刻有思路，中间一点儿都不耽误。这种感觉太好了，我的成就感也非常强。

2. 找到错题，反复记忆

答完题以后，再对照答案，分析自己的答案与标准答案的区别，总结标准答案中的得分点在哪里，自己的思维漏洞在哪里，欠缺的知识点在哪里，然后再有针对性地记忆。一定要明确刷题的目的是找到自己的漏洞。如果做一套试卷后直接得了满分，也不要高兴得太早，这只能说明，通过这套试卷没有发现自己的漏洞，但同时我们找错题来巩固提高的战略目标也没达成。

3. 放弃简单题目，直奔难题

中考、高考前，时间非常紧张，要确保高效率，不要在简单题、100%会做的题目上浪费时间。在做题前，应该先快速浏览一遍试卷，凡是自己会的，就直接跳过，重点去刷有难度的题。当然，这里的难题对于不同的人来说是不一样的，要找到对于自己来说是"难题"的难题。这样可以节约时间。你只有攻克了难题，成绩才会有提升。

4. 死磕难题，投入海量时间

"学渣"和学霸有个典型区别：碰到难题，学霸会异常兴奋，想要搞定它；"学渣"会垂头丧气，想要绕过它。这和智商无关，而和自信、毅力、耐心这些基础素质有关。有些孩子在低年级时成绩好，因为知识简单，上课时就能听懂记住；而到了高年级，光靠听课就不够了，又不愿在研究难题上投入时间，就会慢慢变成"学渣"。

就像前面困扰了我好久的百分数问题，我能耐住寂寞，用好几天的时间去总结规律，一次把它吃透，于是难题变成了送分题，这样刷题对提分很有效。

这里要提醒一下大家，一定要刷教学大纲范围内的题，千万不要和偏题、怪题死磕，那样纯属浪费时间。我高中的同桌就找了很多奥数竞赛的题目去刷，这些题本身的难度非常高，然而他的基础还没打牢，这么做必然不会有好的结果，既浪费了时间，又没有提高成绩。

Tips: 刷题会让你更自信，刷题能提升你的能力，刷题不丢人。关键是，你要科学刷题、高效刷题，通过刷题去查漏补缺。

①

--- 限时刷题，要求一定的准确率 ---

②

--- 找到错题，反复记忆 ---

③

--- 放弃简单题目，直奔难题 ---

④

--- 死磕难题，投入海量时间 ---

02 | 满分陷阱：解题过程远比答案重要

认为答案更重要，从而不重视解题过程，是很多学生的毛病。这类学生往往智商比较高，在低年级时能轻松考满分，但一到中学就很难再考满分了。小学知识点少，学生们简单学几次就能记住。有些问题的答案明显，他们即使没有真正理解相应知识点，靠"猜"也能答对。

到了中学后，知识点庞杂，如果还用老方法，只是听课和做作业，不进行强化复习、刷题训练，学生脑子里装的知识就是杂乱无章的，考试时根本提取不出来，最后他们必然沦为一看就懂、一做就错的中等生。

有个笑话是这样的：刚上幼儿园的时候，父母觉得孩子一定能考上清华大学；等到小学，觉得孩子可以上个重点大学；等到了初中，觉得孩子可以上本科院校；升到高中，觉得孩子能有大学上就不错了。

满分陷阱 Help!

"不强化不训练"
"缺乏深度思考"
"投机取巧心理"

很多学生掉入了满分陷阱，不会深度思考，只想快速写出答案，完成任务。久而久之，这些学生养成投机取巧的心理，面对高难度的问题时往往无从下手，最后沦为"学渣"。这些学生应该怎么办呢？

1. 一步不落地演算

解答每一道题，都要从已知条件逐步论证，每出现一个新的数字、新的符号，都要明白它们出现的原因，采用的是什么定理、什么推论。最糟糕的是突然出现一个数字，你说不清它是怎么出现的，即使稀里糊涂地答对了这道题，你也没有完全理解相关知识要点，日后再做类似的题时出错概率仍然很大。

Tips: 很多学生的成绩不稳定，就是因为他们这次运气好，蒙对得多；下次运气不好，蒙对得少。想当学霸，就要坚决避免这种情况。

2. 给同学讲题

这是费曼学习法的典型应用，自己做对了还不够，还要能给同学讲明白。我给同学讲题时可能会卡顿，这些卡顿之处就是我不能 100% 确认的地方。于是我就赶紧回头去查课本，这样，我对这个知识点的记忆就变得特别深刻。

3. 一题多解，殊途同归

小学的时候，为什么我能"异军突起"？就是因为我给很多同学讲题，一道题常常要讲好几遍，而且总是用一种解题方法讲太没意思，我就绞尽脑汁，针对一道题研究出三四种解法，分别给不同的同学讲解。正是这种一题多解的训练，把我的脑子越练越灵光。

刘慈欣在《三体》中写到："弱小和无知不是生存的障碍，傲慢才是。"这句话用在学习上也是合理的。如果不肯承认自己不会，不肯踏踏实实研究基本概念，写清每一个步骤，早晚会掉入满分陷阱，被自己的"小聪明"耽误。

03 | 整体规划：预习不是走马观花

老师往往会强调"课前预习"的重要性，甚至会布置预习作业。可惜，很多学生在预习时只是走马观花，并没有达到应有的预习效果。本节讲解预习的 4 个层次。

第 1 层，寒暑假预习。

寒暑假有大量的空闲时间。利用这些时间，学生可以对下一个学期的课本进行整体预习。

● 首先，阅读课本的序言和目录，大致了解课本的内容和结构，形成整体认识。

● 其次，粗读一遍课本，了解课本概貌。

● 最后，对课本内容进行归类，比如将语文课本的内容分为生字、生词、语法知识等。

寒暑假预习的目标，不在于掌握细节，只要把握住整体结构就可以了。

我背单词非常吃力，于是在寒暑假，我会将书中一半的单词提前背下来，这样心里才踏实。如果我等开学后才从零开始背单词，那我会很焦虑。

第 2 层，周六日预习。

很多科目以章、专题为单元。老师会在分散的几天内完成教学。为了保证对课本内容的整体把握，你可以在周六日集中预习。

预习的时候，可以预读一遍课本中整个单元的内容，标记难点，对单元内容做到整体了解，最好能用图表整理概念、原理、公式。

第3层，每天预习。

每天都应该对第二天要学的课程进行预习。这也是最重要的预习方式，主要分为以下4步。

● 认真通读一遍课本，确定重点和疑点。

● 使用工具书、参考书，尝试自我学习。

● 对不懂的问题进行分析。如果是由对旧知识不清楚引起的，及时复习旧知识。如果无法解决，就把这个问题标记下来，留到课堂上听课解决或者找老师、同学请教。

● 合上课本，对预习的内容进行总结和归类。尝试做一些练习题来检查预习效果。

第4层，课前预习。

上课前，可以再进行一次快速预习。快速翻一遍书，看看课本上有哪些标题，以及前一天预习时有哪些问题不懂。这样，在听讲的时候，就能对内容更熟悉，知道哪些内容书上有，从而减少笔记量。

Tips: 文科预习注重理解，搞清楚问题的实质；理科预习注重过程，掌握解题思路。历史、地理、政治包含大量需要记忆的内容，可以通过列提纲来促进理解和记忆。

这里再提示预习的4个误区。

● 预习要弄懂所有知识。错！预习是为了找到不会的知识点，提升学习效率。上课时，难以长时间集中精神，通过预习，我们可提前找到难点，以提醒自己老师讲到这里时一定要集中精神。

● 要拿出大量时间预习。错！因为基础牢靠，我经常直接做题，连课本都不看，如果能搞定，那就不用浪费时间了。

● 预习时要做笔记。错！我预习的时候，主要是在课本上标记难点，笔记做得很少。

- "学渣"不用预习。错！"学渣"基础不牢，更要提前熟悉课本内容，这样上课时才能把知识掌握得更好。

其实，预习本质上体现的是自学能力，这种能力甚至比考试能力还要重要。

04 │ 交叉学习：让大脑不再疲惫

小 A 是一位数学高手，在初中曾经取得过本省的数学竞赛一等奖，能证明几何中的蝴蝶定理。就是这么一位高手，在英语学习上遭遇了滑铁卢。事情是这样的，他的初中英语老师水平一般，说英语时还夹带地方口音，小 A 将英语学得一塌糊涂。但由于数学和语文分数高，小 A 依然考入了当地最好的高中。

高中强手如林，由于英语拉分严重，小 A 经常掉出班里前三，争强好胜的小 A 不服气，下定决心要把英语补上来，于是开展了轰轰烈烈的征服英语计划。他每天晚上集中攻坚：背单词一小时、做阅读理解题一小时、学语法一小时。这么折腾了一年，英语成绩确实上升了，可是只上升了一点点，其他科目的成绩却严重下降，期末考试总成绩更是跌出了班里前五，小 A 欲哭无泪。这是怎么回事呢？

这是因为小 A 在记忆、知识强化两个层面都犯错了。

首先，记忆领域存在信息干扰问题。比如，我们连续记忆 60 个单词时，前面 20 个单词和后面 20 个单词的记忆效果比较好，而中间 20 个单词的记忆效果很差。这就是系列位置效应。并且，记忆的内容越相似，干扰越明显。

所以，小 A 拿出一节课的时间来背单词，最有效的是开头几分钟和最后几分钟，中间几十分钟的记忆效率都非常低。这导致小 A 在记忆层面事倍功半。

其次，大脑也有疲劳问题。我们掌握各类知识，本质上是在大脑的神经元之间建立连接，并进行强化。我们使用某个知识点，就是强化对应的神经元连接。

在一段时间内，这种强化效果是有限度的。一旦达到极限，就无法继续强化，从而导致对该知识点的相关学习变成做无用功，出现用脑疲劳。

这好比我们通过做俯卧撑来锻炼胳膊的肌肉。每做一组俯卧撑，我们就需要休息一会儿。如果不休息，肌肉酸痛会使我们无法继续做下去。神经强化到极限并不会像肌肉那样以明显酸痛的方式提醒我们，反而会带给我们一种熟练掌握的错觉。

这就是小 A 的英语成绩没有明显提升的原因。虽然小 A 每天使用3 个小时来强化对英语的学习，但大部分时间都是在做无用功，还因此挤压了其他科目的学习时间，影响了整体成绩。真正有效的学习方式是交叉学习。

首先，将相似的学习内容拆分开，避免批量集中学习造成的记忆干扰。例如，为了快速记忆更多的单词，我们可以在早上、下午、晚上分别抽出 10~15 分钟背单词。每次记忆的单词量控制在 20 个左右。同时，记忆的方式可以多种多样。比如，我们可以抄写单词、朗读单词、使用单词造句、做相关的选择题。

其次，将不同科目穿插起来学习。学习不同科目时使用的神经元往往不同。学习英语后，再学习数学，就可以让英语对应的神经元进入休息状态。过一段时间后，再次学习英语，就可以继续强化相应神经元。这就像在每组俯卧撑训练之间休息一样，不断地锻炼和休息，可以快速地让肌肉变强大。

①

‑ ‑ 将相似的学习内容拆分开 ‑ ‑

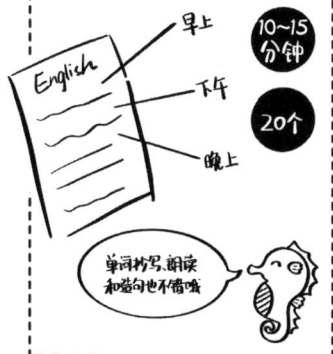

Englich

早上

下午

晚上

10~15 分钟

20个

单词拼写、朗读 和造句也不错哦

②

‑ ‑ 将不同科目穿插起来学习 ‑ ‑

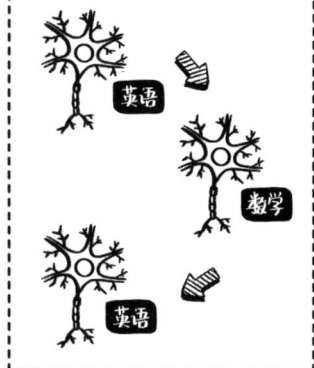

英语

数学

英语

要想取得好的成绩，不仅要有努力的主观意愿，还需要采用正确的学习方法。

05 ｜ 高效写作业：如何完成得又快又好

对很多普通学生来说，作业就像一座大山，压得他们喘不过气来。更可怕的是，这座大山每天都要压他们一次。但你有没有想过，学霸写作业就像弹玻璃球一样，动动手就搞定了。更有甚者，觉得自己作业写得很快，在规定时间内完成了任务，便再奖励自己做一套试卷，你说气不气人？

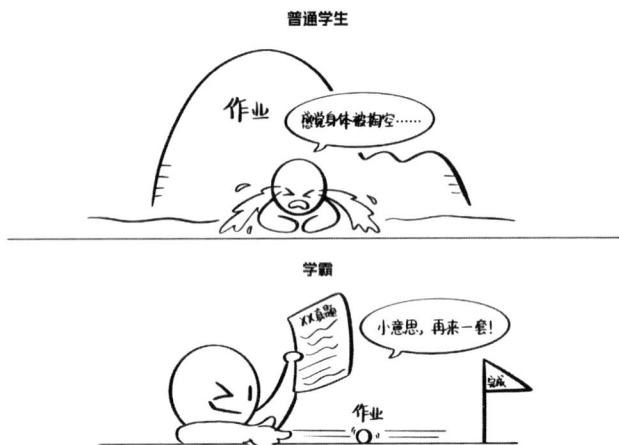

为什么学霸写作业如砍瓜切菜，而你写作业却经常焦头烂额？这里告诉你写作业的妙招。

第1招：复习之后再动手。很多学生过于着急，回家以后匆匆忙忙打开作业本，直接做题。这个时候他们要么不清楚概念，要么没背熟公式，做起作业来磕磕绊绊，越做越没有信心，到最后便给自己贴上标签：我太笨了，我不擅长这个科目。在持续的负面暗示下，他们一看到作业就头疼，慢慢养成了拖延症。这是典型的负反馈，会让人越来越差。

正确的做法是：写作业之前，先复习当天课上讲的知识，搞懂相关概念、公式、解题步骤，尤其是课上的习题，一步一步地弄清楚来龙去脉，课后作业中的题大概率就是这些习题的变式，往往照猫画虎就可以搞定。每解出一道题，你的自信就会增强一分，你也就更有钻研难题的勇气。久而久之，你会具有无往不利的霸气。这就是典型的正反馈，能让人越来越好。

第2招：限定做作业的时间。这是我之前经常用的方法，做作业之前，我会根据题量进行预测，比如做一套数学试卷需要120分钟，我给自己定下100分钟完成的目标，然后集中精力答题，结果90分钟就搞定了，那种感觉非常好。

这一招尤其适用于完成枯燥的作业，比如抄单词、做计算题等，因为内容太简单，大脑会觉得无聊，没有挑战性。于是我们人为地设置一些挑战，让大脑兴奋起来。超预期完成任务的快感无与伦比。

第3招：与同学讨论。这一招专门针对难题，也是费曼学习法的具体应用。在中学阶段，老师经常会出一些附加题，其难度与高考试卷中的最后一道大题相当，中等生可以不做，学霸则很愿意做。当然，这些题即使是学霸也不一定能做出来。这时我们是应该自己苦苦思索，还是找别人一起寻求答案？

我的方法是和同学交流，把自己能想到的解题思路都说出来，大家互相启发，经常在你一言、我一语中就把题解出来了。做英语和语文作业时也可以用这种方法，同学间互相提问背诵的内容，这样做能充分激活大脑，增强记忆效果。

06 | 作业写不完：从基础抓起

很多排名靠后的学生，都有作业写不完的烦恼。有些学生选择"躺平"，抄学霸的作业应付了事，更有甚者直接不交作业。为什么这些学生会写不完作业呢？

说实话，作业通常不难，应用课上所学的内容就能完成。我上学时，往往很快就能把作业搞定。你之所以感觉难，真相只有一个：不会做，基础差。这是基本功的问题，需要从头抓起。这里给出3种现象，欢迎大家对号入座。

1. 看起来会，做起来不会

小学时，老师讲的知识很简单，学生认为上课是一件轻松的事情。中等生努力一点，也能和学霸在课堂上抢答。课后作业通常也没啥难度。有些题看起来会做，有的学生便偷懒不写，等到考试的时候才发现自己其实不会做这道题。这就是落入了第一个陷阱：看起来会，做起来不会。

大脑的判断不一定都是准确的。我们自认为没问题的东西，实际上充满了各种问题。比如，我们用手机随意录一段自己说的话，再回听一下。我们可能会发现，自己说的话前言不搭后语，到处都是语病。所以，看似会的，实际并不一定会。不做题，只会错误地认为自己会做。

2. 选择题会做，简答题不会做

有的时候会有这样的情景。今天作业很多，全都做完要费很大力气。幸好，有一部分作业是选做的，老师没有要求必须完成，你就把这部分作业的选择题做了，毕竟选择题占了一大半的篇幅。刚好简答题也没有答题的地方，你决定以后再说。反正，这些题都是针对同一个知识点的，你觉得做选择题就够了。这时，第二个陷阱出现了：选择题会做，简答题不会做。

虽然简答题、证明题、选择题和填空题可以针对同一个知识点，但它们的考查方式不同。选择题提供了更多的线索，对知识掌握程度的要求更低。

有时候只要有一个大致的印象，你就能选出正确答案。而简答题就要难多了。它需要你在大脑中仔细琢磨知识点，按照一定的逻辑将答案写出来。

Tips： 做简答题相当于把思考的每一步摊在太阳下晒一晒。哪一步有问题，一下子就会暴露出来。所以，会做选择题，并不代表完全掌握了知识点。

3. 今天会做，明天不会做

老师要求所有作业都必须完成，于是很多人幸运地避开了第二个陷阱。很多学生选择努把力，在放学前就把所有的作业搞定，放学后就直接回去玩了。

看着学霸还在被其他人缠着求讲题而脱不开身，你突然觉得成为学霸也不是一件好事。然而，过了几天，老师在课上讲到以前做过的题，你却发现自己不会做了，可之前你明明会做。

前两个陷阱躲开了，这时却又落入了第三个陷阱：今天会做，明天不会做。

大脑最擅长的不是记忆，而是遗忘。虽然人能记住各种类型的信息，但忘掉的更多，遗忘的信息往往是自己记住的信息的百倍、千倍。今天做题时还感觉思路清晰，过了一天就不会做了。而学霸因为给别人讲题，及时进行了巩固，避开了这个陷阱。

正是由于这"三会三不会"陷阱，很多人学着学着，就变成"学渣"了。知道问题所在，答案也就呼之欲出：投入海量时间，狠抓基本功，同时注意总结和复习，确保学过的都会做，这样就不愁作业写不完了。当然，达到这个境界，你也就成了学霸！

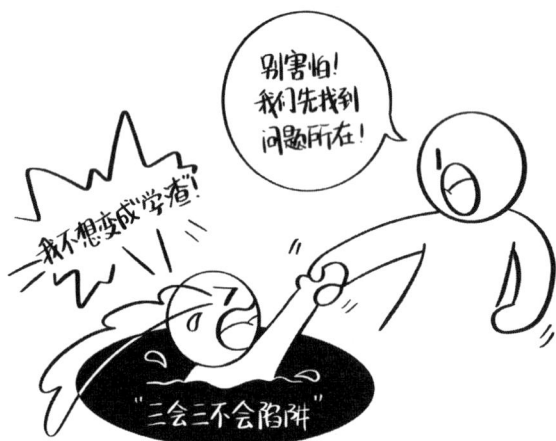

07 | 墨菲定律：为什么倒霉的总是我

　　1949 年，美国某空军基地的工程师爱德华·墨菲上尉参与了一项火箭减速超重实验。其中有一个项目需要将 16 个传感器固定在受试者座椅的支架上。每个传感器上需要接两根线，一旦接反的话，就无法正常读取数据。

　　不可思议的是，当这些传感器安装完毕后，墨菲发现，这 16 个传感器的线全部接反了！事后，墨菲上尉承认，这是由于自己一开始没有考虑到居然会有人把线接反，他自嘲道："如果一件事情有可能以错误的方式被处理，那么，最终肯定会有人以错误的方式去处理它。"这就是所谓的"墨菲定律"。

　　你可能纳闷：墨菲定律和我有什么关系？我给你举几个例子。

- 太倒霉了，我就对……不熟悉，试卷上居然就有相关的题，导致我丢分。
- 昨天我上课睡觉，漏掉了老师讲的一道题，没想到第二天的试卷上就有这道题。
- 明天运动会，千万不要下雨。结果第二天还是下雨了。
- 涂答题卡的时候，好像涂串行了，成绩下来后发现真的涂错了。

　　相信你对上面的场景很熟悉，即你担心的事情似乎一定会发生。所以我们必须做好充足的准备，以应对可能出现的不好的情况。继续深挖墨菲定律，其主要涉及 4 个方面。

1. 任何事情都不会像它表面上看起来那么简单

高考大纲早就确定了，全国上千万学生都根据大纲来做准备，为什么有人考满分，有人不及格？根本原因在于，每个人对知识的掌握程度不同。

我用数学举例：假设高考数学100分，有500个考点，其中还有多种组合，中等生熟练掌握的考点（也就是一定能拿分的）占一半，涉及剩下的一半考点的问题在运气好时能做对，运气差时就做错。假设做对的概率为50%，那么每次考试，这个中等生的平均分大概为75（50+50×50%）分。每次考试错的题都不太一样，涉及同样知识点的题可能上次做对了，这次又做错了。

2. 所有任务的完成周期通常会比你预计的长

你肯定知道自己的薄弱点在哪里，比如英语词汇量不够，语文古诗词背诵不熟练，数学计算总出错，等等。真正要消除这些薄弱点，需要花费很大的心力但你有时会错误估算要付出的努力程度。比如针对"数学计算总出错"，你会想：这类题目我做10道就能掌握了。但实际上，第11次做可能照样出错，因为你反复练习的次数远远不够。

3. 任何事情只要有出错的可能，就大概率会出错

典型情况是，同样的一道题做一次错一次，次次做，次次错。尽管你每次都会完整地看一遍答案解析，但下次依旧会犯同样的错误。时间长了，这甚至会发展成负反馈，十分影响你的学习、考试状态。你应及时发现这种"顽疾"，进行针对性"治疗"，不要每次都寄希望于看一遍答案解析就记住了，否则下一次出错就是在高考考场。

4. 如果你预感可能会出错，那么你必然会出错

在高中时，我的同桌总是在计算上出错，他非常焦虑。高三第一次模考，考数学前他和我说："我预感这次考不好。"成绩出来后，他的数学分数创历史新低，就连最简单的填空题都被扣了很多分。我问他怎

么回事，他说："考砸的感觉太强烈，做题时脑子都不转，很多题都是蒙的。"

其实，考试前你会隐隐约约觉得对某些知识点不熟悉，考到相应的题可能做不好，这是你的感觉在帮你。你要做的不是担心，而是赶紧翻开书，把不熟悉的知识点搞懂搞透，消除这个隐患。"知道自己不知道"是好消息，可怕的是"不知道自己不知道"，那会引你走向更糟的境地。

08 | 并行处理：拉开差距的是碎片化时间

很多同学抱怨：每天课后有那么多作业，完成后根本没有时间复习和预习。但是若不复习和预习，一旦落下对知识点的学习，就很难补回。更可怕的是，每天还有新知识，日积月累，不会的越来越多，成绩便会逐步下降。

我有个侄子，他学东西的速度很快，但总成绩始终提不上去。他的数学和物理能考 130 分以上，英语和语文却在 90 分上下徘徊。他就问我："小叔，你是怎么把那么多庞杂的知识都记住的？我想起语文就头疼。"

我仔细回忆后发现，自习课的大多数时间都被我用来解决大问题了，除了完成作业外，我还会研究难题、做阅读理解，或者整理错题。而语文、英语、化学中需要刻意记忆的零散知识，我都是在碎片化时间记住的。这里举几个常见的碎片化时间的例子。

- 坐车回家时。
- 早起刷牙、洗脸时。
- 做早操时。
- 和同学出去玩，需要等待时。
- 课间休息时。

合理利用碎片化时间!

此外还有很多可利用的碎片化时间，你可以随意挖掘，在碎片化时间，我们可能在做别的事情，但脑子是空闲的，我们可以充分利用这段时间来记忆语文、英语中的零散知识。这里用到了计算机领域中的"并行处理"，也就是同时处理多件事，且互不干扰。具体操作方法如下。

1. 提前准备好知识卡片

你可以自己裁剪，也可以买现成的卡片，将每天学习的知识分门别类整理好，记到不同的卡片上。例如，将惰性气体的各种特性记到一张卡片上，将语文中的各种虚词的范句记到另一张卡片上。在碎片化时间，随意抽出一张卡片复习一下。这样复习充分利用了碎片化时间，更灵活，并且不会占用大段时间。

2. 形成规律

设置几个时间点，比如早起背单词、跑步时背古诗词、等公交车时背化学方程式等，固定时间做固定的事，养成记忆习惯，效果更好。

3. 挤出碎片化时间

早起20分钟或者吃饭速度快一些，也能挤出许多碎片化时间。尤其是住校生，三餐都在学校吃，如果和同学边吃边聊，一不小心半个小时就过去了。想办法合理压缩吃饭的时间，当然这里并不是说让你狼吞虎咽，而是吃饭时不要只顾和同学说话，将吃饭时长控制在合适的范围内即可。

4. 找到自己的规律，千万不要强求

例如有些同学必须早睡早起，如果强行晚睡，他的听课效率就会变得低下，那反而得不偿失。我们可以不断挑战极限，但需要循序渐进，要知道一口吃不成胖子。

最后，时间对每个学生都是公平的，可每个学生对时间的利用却是不同的，想从中等生向学霸转变，除了使用有效的学习方法和保持勤奋外，更需要充分利用时间，每天多学一点，每天多进步一点，就更容易脱颖而出。

09 | 吃好喝好：有好身体才能有好成绩

上高中的时候，大家都住校，一天三顿饭都在学校食堂解决。由于食堂饭菜味道不大好，很多同学不喜欢吃，等到饿了，他们就啃包干脆面。结果就是，还没有到饭点，他们就已经饿得受不了，再也没心思继续学习了。更有甚者，长期吃垃圾食品，导致肠胃不好，经常拉肚子，如果考试时拉肚子，肯定会影响发挥。

我和朋友聊起这件事时，他也说了自己的经历。读高三时，学校根据学生在班里的成绩排名，重新划分了宿舍。朋友所在宿舍的 8 个人刚好是班里的前 8 名。同样是面对食堂糟糕的伙食，他们选择集资买火腿肠加餐。同时，他们每天至少有两个人去打开水，以保证宿舍暖壶里的开水够喝，甚至够睡前泡脚。而其他宿舍却总是缺水，需要借水喝。

为什么好身体能带来好成绩呢？

记忆行为发生在大脑中，所以记忆效果直接受大脑状态的影响。要想记忆效果好，首先就要保证大脑获得足够的营养物质，这就要求我们吃好喝好。

1. 碳水化合物

我们吃的各种主食的主要成分都是碳水化合物，如米饭、馒头、面条、玉米等。碳水化合物是人体能量的主要来源，用于维持人体的正常生理功能和促进新陈代谢等。一份主食能让我们在短期内提升记忆力。缺点是，过多的碳水化合物摄入可能会引起血液中血糖浓度过高。血糖浓度过高可能导致大脑供血不足，影响神经传导，从而导致注意力不集中、记忆力下降。建议吃升糖较慢的食物，比如豆类和杂粮。

2. 蛋白质和脂肪

蛋白质和脂肪用于构成身体器官。大脑在记忆的时候，会产生很多核糖核酸，它可以促进大脑细胞的产生。吃一份高蛋白的食物，能持续提升记忆力一小时以上。富含蛋白质的食物包括各种乳制品、红肉、豆类、海鲜等。

各类食物的蛋白质含量不同，可以搭配起来食用。而脂肪（尤其是Ω-3脂肪酸）提升记忆力的作用更为长久，能持续3小时。学习时，可以每小时补充一次干果之类的食物，以补充脂肪。

3. 水分

水分很容易被大家忽略。人体70%的成分都是水。水被用来构成各个器官，也被用来传输营养物质。佐治亚理工学院的研究人员做过一项研究，发现只要缺水量达到体重的2%，就会造成认知功能的损害。比如一个50千克的人，只要缺水1千克，就会开始出现注意力不集中的问题。不要等到口渴再喝水，因为当我们觉得口渴时，身体已经进入缺水状态了。

通常，一小时就需要补充一次水分，不要怕上厕所，因为这正好可以排出身体的代谢垃圾。很多学生宁可渴着，也不愿意去打水，这在无形中降低了其学习能力。建议大家学习时带一个装满水的大水杯，过一会儿就喝两口，这有利于提升学习效果。

所以，要想马儿跑得快，就得先让马儿吃够草、吃好草。我们一定要吃好喝好，千万不要因为自己的疏忽让大脑陷入怠工状态。

10 | 错题本误区：你可能做了很多，但都是错的

错题本的重要性怎么强调都不为过。初中时，我为每个科目都准备了一个错题本，听完课、做完题后，就把典型题、易错题等都整理到上面。考试前，直接用它来复习。最开始看完一遍错题本需要很长时间，后来就越来越快，1个多小时就能把200页的错题本看完；等到期末，我连每道题在什么位置都记得很清楚。这样一来，我在考试时立刻就有了解题思路，从而做到点对点精准解题。

如果你是"学渣"，总分在400分及以下（满分750分），绝大多数题都不会做，这时就应该先打好基础，做好课本上的练习题，不用整理错题本；如果你是400分以上的中等生，则一定要整理错题本。

在学习使用错题本之前，我先把一些误区列举出来，避免浪费你的

宝贵时间。

1. 每个人都要有错题本

有些老师强制每个学生都有错题本，要求把所有的错题都整理上去，这是不对的。使用错题本的目的是查漏补缺，便于日后复习。如果你大部分题都不会做，几乎要把所有的题都抄一遍，那简直就是浪费时间。

我的一个高中同学就是如此。她的语文、英语成绩不错，但物理总是搞不明白，每次考试都不及格。为了提升成绩，她专门买了一个很厚的笔记本，一有错题就抄上去，结果错题本越抄越厚，但成绩却没有任何提升，反而下降了。为什么？因为她把本应用在思考上的时间，用在了抄题上。

Tips： 网上有很多错题打印机，大家可以自行搜索，这类机器能扫描错题，自动识别，极大地节省整理错题的时间。

2. 学霸的错题本最好

学霸之所以能成为学霸，是因为他有良好的学习方法，那他的错题本、笔记本就一定是好的吗？网上就有很多"高考状元学习笔记""学霸手写复习资料"在卖，而且十分畅销。但你在买之前要问问自己以下问题。

- 你的知识体系和学霸的一样吗？
- 学霸错题本上的题对你有用吗？
- 学霸的学习笔记你能看懂吗？

错题本是非常私人的学习笔记，因此千万不要借用他人的，而要自己整理，最好能写出当时是为什么出错的，应如何补救，这样日后在查阅的时候才会有帮助。

3. 突击整理错题本

有些同学平时很"忙"，经常忘记整理错题，总想着等哪一天空闲了，统一整理，这样做非常不好。因为刚做完题的时候，印象最深，知道自己的漏洞在哪里，立刻将错题整理到错题本上，有利于加强记忆。根据艾宾浩斯遗忘曲线，一天后，你的记忆就只剩下大约 26%，时间再久一点，你恐怕早已忘记当时是怎么想的了。

我的高中同桌就是这样，他平时总是记不起来整理错题本。每次考试前，看到我在复习错题，他才开始着急，把平时的作业、试卷都找出来，赶紧往错题本上抄，可是这时再整理已经来不及了，他是在为错题本服务，而不是让错题本为他服务。在这种情况下，他可以直接把作业、试卷当作错题本，挨个解决上面的错题即可，没必要重新抄写。

4. 把错题本做得很漂亮

如果你是有"洁癖"的同学，一定要注意这个问题。我们班的一个女生就是这样，她给错题本包了封皮，里面的字很工整，答案、解析、知识点也写得很全面，可她的成绩依然是中等水平。后来我发现，整理错题本居然成了她的负担。

因为她很想让自己的物品都整整齐齐的，所以对整理错题本很重视。遇到不会的大题，她要把题目认真抄写下来，然后把答案一步一步写清楚，经常为了整理一道大题而花半节自习课的时间。她把大部分注意力用在了形式上，大脑没有充分思考，结果还是没有搞懂错题，白白浪费了时间。

正确做法是：用最短的时间把错题本整理好，如直接把试卷上的错题裁下来，贴到错题本上；至于答案，也不用全部写，只要写出关键点、易错点就可以了。复习的时候，强迫自己在大脑中演算，提高答题速度。

5. 整理完错题本后把它束之高阁

很多同学说错题本没用，是因为他们只是整理了错题本，但却根本没有充分利用错题本。如果整理错题本占 20 分的话，那么后期翻看则占了 80 分。

最初，我的错题本很厚，我总会不时地把错题本翻出来看看；考试前，我会把所有错题翻看一遍，由于看的次数很多，有时我一看开头就知道这是哪道题了，解题思路也自动出现在脑子里。这时，翻看厚厚的错题本已经开始浪费我的时间了，因为里面大部分题我都熟练掌握了，错题本变成了"对题本"。于是我把错题本压缩，最后就剩下了不到 10 页，里面都是需要使用特殊解题思路或者有陷阱的题，考试前只用十几分钟过一下就行了。到这个程度，错题本的使命才算完成，因为你已经把其中的题全部消化、理解了。

因此，整理完错题本就再也不看的同学，先问问自己，错题本中的题你都会了吗？确定能 100% 做对吗？如果没做到这一点，那就继续翻看错题本吧。

11 | 错题本实战：又快又好的私人定制

我们每天都在做题，在各个地方都会遇到错题，比如课上练习、课后习题、模拟试卷等。如果把所有错题都记下来，那工作量是巨大的。该怎么做呢？我将一道题目整理进错题本的过程分为以下几步。

第 1 步，发现不会做的题后，先去弄明白，然后放到一边。

第 2 步，过两天，在不借助任何提示的情况下重新做一遍这道题，如果能顺利做出来，那它就进入了我的舒适区，我不用再为它费心。如果做错了，说明这道题的确有难度，我会在这道题旁边做一个标记，以提醒自己着重加强对这道题的记忆。

第 3 步，再过一两周，我会复习之前的试卷和练习册。如果还是搞不定这道题，我就会把它整理进错题本。

通过上面的步骤可以看出，不是什么题都"配"进入错题本的，一定是有难度，而且不容易记住的题才会进入错题本。这样操作下来，你会更加重视错题本，因为它集中反映了你的薄弱点。

下面介绍一些又快又好地整理错题本的方法。

1. 对不同的错题进行标记

错题也分好几类，在将其整理到错题本中时，要分别进行标记。我的错题本便包括如下几类错题。

（1）概念不清类。这主要指的是因为对基础概念、定理、公式不够熟练而出错的题。中等生容易犯这类错误，正常情况下，这类错题很容易消灭。如果遇到特别难理解的概念，就要反复记忆了。

（2）经典题型类。这类题往往涉及特定的解题技巧以及好几个知识点。你可能对每个知识点都熟悉，但就是不会做题。这类题是最值得关注的，能否做对这类题也是你能否超越 100 分（满分 150 分）的关键。对于这类题，要加强训练，培养举一反三的能力，增强自己的思维能力。

（3）拔高题型类。这往往是学霸重点关注的，通常是试卷最后的大题，还有选择题的最后几道。如果你的分数在 100 分（满分 150 分）以下，建议放弃整理这类题目，转而提高做前面两类题的准确度。

（4）马虎丢分类。很多同学有这样的体会，遇到一道很简单的题，以为自己肯定能拿分，结果却做错了。事后再看这道题，一拍脑袋："哎，我怎么会犯这种低级错误！"这类题似乎不应该被放到错题本中，但这恰恰是你最容易提高的地方。回想一下，同样的题，你是不是因为"马虎"而被扣过很多次分？

我的错题本主要包括这 4 类题。整理的时候，我会在每道题前面做好标记，具体如下。

概念不清类	圆形	○
经典题型类	正方形	□
拔高题型类	五角星	☆
马虎丢分类	三角形	△

做好标记，
更有效率！

做好标记后，复习的时候就心里有数了，看到一道题就能估算解题时间。

2. 抄写答案详略得当

很多同学成了错题的搬运工，在错题本的整理上浪费了太多时间。有的人为了日后便于复习，把答案写得无比细致，这也是不可取的。

错题本能补全你的知识体系，很多时候起的是提醒的作用。因此不必把答案写得那么细致，只要把关键点罗列出来就行。错题本是私人定制产品，只要你自己能看懂就好。尤其是对于数理化等更讲究思路性的科目，更建议这么做。

当然，如果是语文、英语、地理这些科目，还是要记录得相对细致一些。

3. 把试卷变成错题本

我的一个学霸同学很特别，他没有单独的错题本，而是"因地制宜"，直接在试卷上标记，然后订到一起。每次复习的时候，他直接拿出厚厚一叠试卷翻阅。我专门研究过他的试卷，试卷都被他翻烂了，上面布满了密密麻麻的小字，还有用红色、蓝色、黑色等不同颜色的笔做的标记。

这种方法也很好，节省了整理的时间，而且试卷上记录了当时是怎么做的、为什么出错等信息，对复习的帮助很大。

12 | 终极大招：随时翻看错题本

我们前面费了那么大功夫整理错题本，就是为了以后用它查漏补缺。可是，很多同学没有发挥错题本的作用，整理完就束之高阁。就像足球比赛，从自己的球门开始带球，经过千辛万苦，终于把球带到对方球门，却不射门。

因此本节再次强调，整理完错题本后要随时翻看。常见的翻看错题本的时间如下：

● 完成作业以后，如果有空余时间，可以将错题本拿出来，花 10 分钟重做几道错题；

● 利用碎片化时间翻看错题本；

● 考试前复习的时候，翻看错题本。

最后再强调 3 遍：

随时翻看错题本！

随时翻看错题本！

随时翻看错题本！

13 | "六边形战士"：偏科怎么办

高中时，我们班上有个"理科狂人"，他"狂"到什么程度呢？不管题多难，数理化都能考满分。我经常被最后一道大题卡住，而在他眼里，数理化试卷中从来没出现过难题。他真应了那句话："你考 98 分，是因为你只能考 98 分；而学霸考 100 分，是因为试卷只有 100 分。"

我们的物理老师在讲题的时候，有时会把自己绕进去，这时就会让他上来讲。只要他一出手，简单几句话就能讲清楚。他的口头禅是"简单吧……简单吧……简单吧……"

最后他的高考成绩如何呢？他的高考总分比我低了 20 分，为什么会这样？因为他偏科严重。我语文考 130 多分、英语考 140 多分，他都只考了 120 分左右；数理化他能考满分，我也没有太差。最后算总分，他就比我少。他属于有天分的学生，可惜没有发展成"六边形战士"。

Tips： "六边形战士"是网络流行语，源于日本媒体《东京乒乓球新闻》的六维雷达图，其从力量、速度、技巧、发球、防守、经验 6 个方面分析各位乒乓球选手的实力，乒乓球运动员马龙在这 6 个方面的能力都处于高水平，其六维雷达图呈现为"六边形"，因此他被称为"六边形战士"。

给大家对比一下我和"理科狂人"的成绩。

	语文	数学	英语	物理	化学	总分
写书哥	136	145	146	145	143	715
"理科狂人"	121	150	123	150	150	694

（注：此处的科目和单科满分是作者当年高考的情况。）

我是均衡发展的学生，而理科狂人是"瘸腿"学霸。我们高考那年，正赶上数理化难度不高，我丢分很少，总排名就更靠前了。

我相信，人人都知道偏科的坏处，那应该怎么纠正呢？

1. 端正态度

你要明白，语文的 2 分和数学的 2 分，从高考总成绩的角度来看是一样的。更残酷地说，语文基础选择题中的 4 分和数学最后一道选择题的 4 分，从总分来看依旧是一样的。千万不要觉得某个科目高级、某个科目低级，这种想法不对。针对所有科目，甚至体育，都不要掉以轻心。

下面说一件真事。我中考时，另外一个镇的学霸长期考年级第一，可是他身体不大好，也一直没把体育放在心上。会考时，他的跑步、跳远成绩都没及格。他觉得体育好不好无所谓，没想到县一中（本县最好的中学）对体育成绩是有要求的，这个学霸就这样和县一中失之交臂，非常可惜。

Tips：不要用"没兴趣、不喜欢"给自己心理暗示，暗示久了就真的不喜欢了。端正态度是指想办法喜欢上弱势科目。怎么喜欢上呢？请看第二点。

2. 找到正反馈

千万不要用自制力"强迫"自己喜欢弱势科目，这样做只在短期内有效，因为这样做要消耗很多的意志力，短期坚持后很容易放弃。正确的做法是，找到让自己有成就感的地方，从获得一点点"小确幸"做起，比如：

- 以前写作业靠蒙，这次居然有了一点点思路，很高兴；

- 以前能考 60 分，这次考了 61 分，很高兴；

- 以前从不回答问题，这次举手答题，还答对了，很高兴；

- 以前看到老师只敢绕着走，这次敢和老师打招呼了，很高兴。

日积月累，你会期盼在弱势科目上提升，就像打怪升级一样，慢慢爱上这个科目，提升成绩也就顺理成章了。

3. 课题分离

很多学生都觉得自己被老师"耽误"了，原因多种多样，比如老师水平太差、老师对学生漠不关心、老师专门"针对"自己、老师"针对"自己的好朋友、老师做事不公平……你有 1000 个理由讨厌老师，但是，你更有 10000 个理由学好这门课。一定要牢记：知识是学给自己的，不是学给老师的，也不是学给父母的。下面这个故事使我深受震撼。

小 A 高考时没有考好，去了一所自己不喜欢的大学。小 A 总是因为内心的期许与所处环境的不对等感到失望，在大学的成绩也一落千丈。大二上学期开学的第一堂课，小 A 就被教哲学的老教授点名了。

"是我课讲得不好吗？"老教授真诚地问。

"不是。"小 A 漫不经心地回答。

"那为什么上学期期末考试成绩不理想？"他又问。

"我不是及格了吗？"小 A 答。

"你觉得自己答的卷子能及格吗？"他加重了语气，小 A 沉默。

"那为什么不好好听讲，完成作业呢？"老教授语气稍缓。

"我不喜欢现在的学校。"小 A 倔强地回答。

"那……是因为学校不好吗？"他又问。

"是！"

"那……学校不好，难道知识也不好吗？"

小 A 竟然无言以对。

"好吧，你坐下吧。"老教授若无其事地拿起课本继续讲课。

这里教大家一个方法：课题分离。这是著名心理学家阿德勒的研究成果，它的意思是属于你的课题，你应该负责；不属于你的课题，你就不要瞎掺和。这个方法也可以用在学习上。

● 有没有学到知识，有没有考高分，是你的课题，你要对自己负责。

● 老师教得好不好，对你好不好，是他的课题，你不用在乎。

把这个分清楚后，你就知道什么最重要、应该怎么办了。

第六章

Chapter Six

记忆提取：

这样考试你能多拿分

考试是典型的记忆提取测试，经常有学生说："这次数学试卷上的题太偏、太难，所以我没发挥好。"我不认同这样的观点，通常只有生病才会影响发挥。只要人是健康的，就几乎不存在"发挥失常"，只有"发挥正常"。分数再低，也是你应得的。那如何在现有条件下考高分呢？本章将详细讲解我的考试技巧。

01 | 自动巡航：打造大脑的"绿色通道"

小Ａ工作了一天，非常疲惫，终于熬到下班，自己开车回家，到家后喝了一杯茶，然后他突然愣住了：自己居然已经忘了半小时前是怎么到家的，比如遇到了几个红灯，路上看到了什么车，等等，一点印象都没有。这是怎么回事？

因为这条路他已经走了好几百次，什么地方堵车，什么地方有井盖，什么地方常有行人出没，他了然于胸，开到哪个地方应该注意减速，他根本不用费力思考，完全靠下意识操作，这就是人的自动巡航功能。

畅销书《反本能》中提到：当我们长期进行一种行为的时候，大脑会慢慢形成一个专门处理这个行为的"绿色通道"。所以当自己面临相

似的场景时，大脑会优先匹配对应的行为，并自动做出反应。

自动巡航功能完全可以应用到学习上，现在考试题量大、计算步骤多，怎么才能考高分？谁的绿色通道多，谁就能快速反应，用最短的时间解决常规问题，留下大量时间研究难题、检查试卷，自然能名列前茅。

我就是使用绿色通道的受益者。高考前，我长期感冒，整宿失眠，精神状态非常差。可以说，我是流着鼻涕考上清华大学的。为什么我在这种情况下也能考上清华大学？因为我对题目太熟悉了，一看到题目，就直接条件反射般得出解题思路，就像走路那么自然。要想打造自己的绿色通道，应该怎么办呢？告诉你 3 个方法。

1. 限时答题

同样一张试卷，别人做完用 90 分钟，我要求自己只用 60 分钟，还要保证全对。有了这个目标后，我做试卷时手心微微出汗，注意力高度集中，思考飞快。强化训练后，遇到一道题，我会快速想出几种解题方法，然后选择效率最高的方法，毫不拖泥带水。

大脑的适应能力远远超出你的想象。过去的研究认为，成人的大脑已经固化，没有办法改变，但后来人们发现，如果我们愿意刻意练习，大脑的潜能是无限的。人类大脑中有些神经回路就像肌肉一样，越练越强大。

2. 绝不原谅

遇到错题，立刻提高警惕，找到关键的错误步骤，"死磕"到底，千万不要马上原谅自己。如果你对相应知识点还不太熟悉，必须反复琢磨直至弄清楚。中等生和学霸的区别就在这里，中等生总是莫名其妙丢分，还对此满不在乎，觉得只要自己认真一点就能做对。

事实上，如果没有形成条件反射，即使之后能做对错题，也要花费比较长的时间，这就会挤占做其他题的时间。

3. 保持战斗状态

把每一次作业、每一次考试都当成高考，随时保持战斗状态。很多学生认为，作业可以糊弄一下，随堂小测验考砸了也没关系。这种习惯会延伸到正式考试中，到时候想认真都做不到。"你以为的极限，只是别人的起点"，这句话用在应对考试上是很合适的。

02 | 过度焦虑：让我连续失眠一年

我相信，大多数学生都有一个能力：交卷以后，立刻就知道自己考得好不好。

我不仅有考完试立刻知道自己考得好不好的能力，甚至还知道自己在班里能考第几名，哪些题有陷阱，班上的前几名中，谁可能掉到这些陷阱里。这个能力曾经让我无比自豪，让我有一种"绝招在手，天下我有"的感觉。

然而，有一次期末考试，考完我就隐隐觉得不对，自己肯定遗漏了什么，或者是某道题做错了。晚上回到宿舍猛然想起，自己在做一道选择题时漏掉了一个特殊值，选错了！这可是2分呢，而且是不该犯的错误。当晚我就失眠了，这是我在学校里第一次失眠。我陷入了后悔、懊恼、自责的情绪中，心脏怦怦跳，脑子里乱成了一锅粥。我一晚上没睡着，第二天自然精神萎靡。

等试卷发下来，我果然选错了，再加上其他几个小错，我从年级第一变成了年级第三。这件事对我打击很大，那道错题令我懊恼了很久，我还因此留下了失眠的病根。

当时我完全被自己的负面情绪困住了，总是不肯放过自己，内耗严重。现在重新复盘，我明白那时候的自己大可不必如此。如果能穿越的话，现在的写书哥会告诉高考前的写书哥以下3点。

1.考试都是预演

高中3年的准备是为了高考时的最后一击，之前所有的考试都是预演，偶尔几次预演失败不算什么，高考前还有补救的机会。在期中、期末考试中把能发现的漏洞都发现补上，高考就不会轻易丢分了。

2. 接纳自己，放过自己

不仅要接受成绩好的自己，也要能接受出错的自己，每个人都是不完美的，有些小缺点、小失误很正常，没有谁能一直做到 100% 正确。我给自己定的原则"会做的 100% 得分"是理想目标，偶尔没实现也要能够接受。

3. 看得长远一些

高考很重要，但读大学并不是人生的唯一出路。很多家长给孩子传递了一个错误信息：如果考不上好大学，你这一辈子就完了，无药可救了。这是完全错误的。以 2022 年高考为例，"211 大学"的全国平均录取率为 5%，再把中考 50% 的录取率考虑进去，也就是同一年龄段的人中，97.5% 的人考不上"211 大学"，这些人都没出路吗？当然不是。很多人连大学都没上，他们做生意、做管理、做技术工人、从事自媒体行业，同样做得很不错。

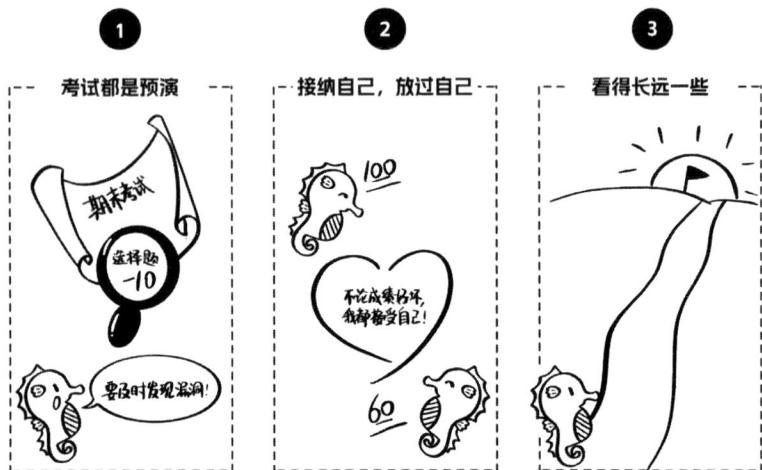

只要不放弃自己，人生中随时都有机会。但有机会的前提是身体棒、精神棒，这样才能在关键时刻扛住压力，成就一番事业。如果像我高中那样，因为做错一道题就后悔不已，连夜失眠，导致身体变差、精神不集中，那才是真的得不偿失。

03 | 有备无患：考前需要准备什么

马上要期末考试了，小 A 很紧张。这学期他一直很努力，妈妈还一直悉心指导他。他虽然对考试很有信心，但也担心万一考砸了，该怎么面对妈妈。

妈妈也担心小 A 考试会紧张，于是在考试前一天，专门带他去海底捞大吃一顿，补充体力。小 A 已经馋海底捞很久了，点了 3 盘羔羊肉、1 盘肥牛，吃完饭便美美地回家睡觉。结果，小 A 在半夜开始肚子疼，因为他吃撑了，折腾到凌晨 3 点钟才勉强睡着。第二天，不出意料，他考砸了。这真是个悲伤的故事。

不瞒你说，考试前我也很紧张，同时又有点兴奋，因为我大展身手的机会来了。紧张是人类进化出的情绪。人紧张的时候，身体和心理上会有如下反应。

1. 身体上的变化

交感神经兴奋，感应能力变强；垂体和肾上腺素分泌增多，反应能力变强，同时，血糖升高，血压上升，心率和呼吸加快。这些都是身体在为即将到来的"战斗"做准备，让你有更高的胜率。

2. 心理层面的反应

紧张之后会有两种心理走向，好的走向是：情绪亢奋、直面困难、思维活跃、乐于接受挑战，运动员大多都是如此。坏的走向正好相反：情绪低落、逃避困难、思维停滞、大脑一片空白。

Tips: 这两种走向的区别在于心理预期，如果你认定自己能取得成功，紧张将促使你成功；如果你认定自己会失败，紧张则将增大你失败的可能。

明白紧张时身体和心理的反应后，我们就要针对性地解决问题。首先，避免出现像小 A 这样的窘境，不要贸然改变饮食习惯，这样身体容易产生不适。作为多年的"考霸"，我有一套自己独有的考前准备技巧。

1. 调整生物钟，早睡早起

个别"夜猫子"，晚上精神好，白天昏头昏脑，在高考时会非常吃亏。要确保你在考试时处于最佳状态。不要等到考试前几天再调整生物钟，应该提前 3 个月调整，让身体有足够的时间完全适应这种生物钟，这样才能做到心中不慌。

2. 规律饮食，不要盲目大补

考前吃一些清淡的食物，防止消化不良、大脑缺血、思考速度变慢。

3. 坚持锻炼，坚持跑步

运动能让你更有信心，战斗力十足，同时也能让你的脑神经更发达，思维更敏捷，百利而无一害。但运动时要注意安全，不要进行强烈的对抗运动，以免受伤。

4. 不要抗拒紧张

你紧张，别人也会紧张，学霸也不例外。紧张没什么大不了的，而且适度紧张能让你注意力更集中，答题速度更快。所有的运动员在比赛前都会紧张，但他们会把紧张转换为兴奋，调动全身细胞，以实现超常发挥。你也要向这个目标努力。

5. 远离负能量的同学

如果有同学和你说："我好紧张，万一考砸了怎么办？一辈子都完了！"稍微安慰两句后，你要赶紧离开，负能量是会传染的，他的过度紧张会让你也过度紧张。考前可以找那些开朗、向上的同学聊聊天。

04 | 临时抱佛脚：考前半小时的"热脑"运动

以前我很瞧不起临考前才看书，尤其是马上上考场了还在看书的。就看那 20 多分钟，有什么用？还不如好好休息一会儿。

后来我的这种想法被一个学霸纠正："这叫热身运动，别老想着拿试卷前面的几道题热身。万一在开头就遇到偏题、怪题，热身不成，进入不了状态，你就惨了。"后来我琢磨了一下，发现考前半小时抱佛脚，门道真多。

1. 身体需要热身

考试虽然是脑力活动，但其剧烈程度不亚于跑 2000 米。如果长时间解决难题，常常会出现头昏的情况，这是大脑供氧不足的表现。

大脑供氧是否充足全看血液流动速度的快慢。血液流动有惯性，我们静坐休息的时候，血液流动速度会逐步减慢。此时如果想让大脑马上进入活跃状态，供氧量很难一下子满足要求。

解决办法就是：考试时提前 20 分钟做一些不那么剧烈的运动，如快走。运动可以让心跳变快、血液流动速度加快。这样，可以确保大脑获得更多的氧。

有实验数据表明，先进行适量运动再参加智力测试，测试成绩能得到明显提升。所以，如果提前到了考场，可以先在外面走走。提前 10 分钟进入考场就可以了，避免过早进入考场后，长时间静坐等待。

2. 大脑也需要热身

冬天开车之前，我们都会提前发动车子，热车 5 分钟，好让发动机发挥最佳性能。在进行考试这种高强度的活动时，大脑也需要热身。

在心理学中，这种热身有一个专业叫法——启动效应。简单说就是，进行一个练习后，就会激活对应的脑区，这些脑区会在后续处理同类任务时变得更活跃，效率更高。

比如，化学考试之前，我们花上一分钟看一个化学方程式配平问题，就能在考试中更快速地处理这类问题。

考试前几天，你可以把各种经典题型都准备一道，整理好解题思路和答案，抄写到一张纸上。在进考场之前的几分钟内，快速看一遍。这样可以直接激活对应的脑区，更高效地考试。

Tips: 注意不要把上述资料带入考场，以免被认为是作弊。

3. 避免焦虑情绪

进入考场之前，大家很容易被他人的焦虑情绪影响。大脑一旦处于空闲状态，就很容易胡思乱想。

身体的热身活动本身就能缓解焦虑情绪，而大脑的热身活动也可以转移注意力，将你带入解题模式。尤其是自己熟悉的题目，跟着解题思路和答案过一遍，能让你有一种胜券在握的感觉。

所以，考前半小时抱佛脚是有利的。毕竟，临阵磨枪三分快，让自己有一个更好的状态，才更容易发挥出最好的水平。

05 | 统筹规划：合理分配考试时间

整个初中，我都过得顺风顺水。从初二开始，我很期待考试，毕竟持续当年级第一的感觉很棒。但有一次考试我差点翻车，这是怎么回事呢？

那是一次期末考试，学校为了防止作弊，要同学们把桌子都搬到操场上，在室外答题。这是 30 年前很多小镇中学的考试方法。第一门考语文，我很重视，做完所有题目并检查以后，总觉得自己的作文写得不好，有些地方还能写得更出彩，当时我看了下手表，发现还有 20 分钟交卷，如果加把劲能重新写完（当时不要求一定将作文写在试卷上，也可以用自己的纸来写）。我粗略算了一下，作文总分 40 分，重写一下也许能多得 5 分，这很划算，不用想了，开干！

于是我奋笔疾书，写到最后一段时，刚打算放松一下，收卷的铃声就响了，我最终因为没写完作文，被扣了 10 分。要知道，平时我的作文都在 35 分以上，这次栽了个大跟头。

这件事之后，我专门关注了一下考试的时间分配问题，也咨询了同学，发现学霸往往能提前一小时交卷，所以他们不会在意时间分配，但对中等生来说，时间就是分数，需要好好分配，以争取在有限的时间内拿到最高的分数。具体怎么分配时间呢？

1. 找软柿子捏

第一轮先把简单的题目搞定，这些题一定要确保做正确。个别难题可以先不做，比如选择题的最后一题。这个阶段要完成得尽量快，为后面做难题争取时间。绝大多数中等生都能在这个阶段拿到及格分，且只需要用 1/3 的考试时间。

这件事很重要。当你做完一大半的题目后发现还有充足的时间时，你紧张的心情能得到平复，你会更从容，更有信心。千万不要一上来就死磕难题，这样容易把心态搞崩，即使会做的题也很可能因此做不对了。

2. 提前预估时间

比如做选择题用 15 分钟，做填空题用 10 分钟，做计算题用 10 分钟，等等。这个时间要不断优化调整，每考试一次就优化一次，慢慢找到最适合自己的节奏，等到关键考试时就能做到心里有数。同时要注意，没必要把时间精确到秒，以免给自己太大压力。

3. 留出检查时间

一般留出 5~10 分钟，主要检查以下内容。

● 答题卡有没有涂好，尤其不要涂错位置或涂串行。

● 姓名、学号有没有填好。

● 有没有漏掉的题目。尤其是选择题和填空题，即使不会也要蒙一个，万一运气好蒙对了呢？

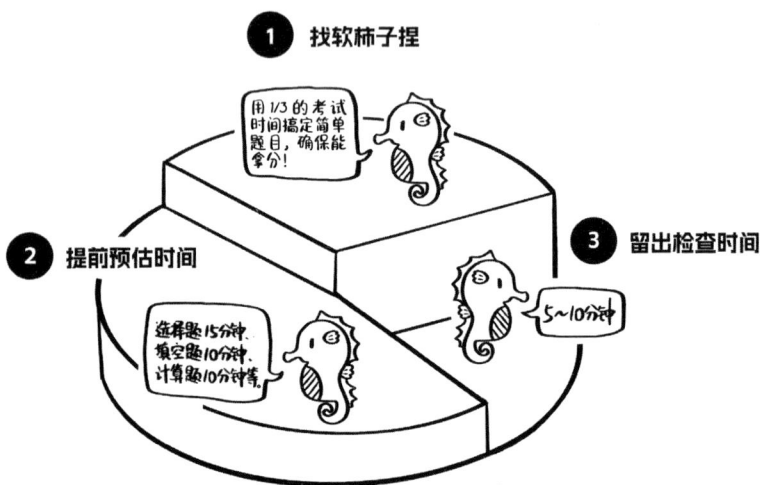

合理分配考试时间是影响考试表现的重要因素，也是考查学生综合能力的重要方式。等到进入社会后，你会发现合理分配时间的能力甚至比解题能力还重要。

06 | 认真审题：这远比你想象的重要

先讲一个成人世界的逆袭故事。一个"90后"，我们叫他小 A 吧。2020 年之前，他在长沙做出国留学项目，当时国际留学市场前景好，他每年都能赚五六十万元。就这样干了四五年，他赚了几百万元。那段时间他顺风顺水，过得很惬意。

后来新冠疫情来了，很多本来想要出国留学的人打消了念头，要求退费。小 A 按之前的承诺 100% 退费。没想到，与他合作的国外机构却要扣除各种费用，这导致小 A 一下子亏了两三百万元。他找亲戚朋友借钱，从银行贷款，每个月要还款 2.5 万元。以他的条件，很难找到月薪超过 2.5 万元的工作，而且他手上也已经没有多少钱供他还款了，怎么办？他只能去创业，期待逆风翻盘。

说起来容易，到底做什么呢？他咨询了很多创业者，最后决定开网店。但他从来没经营过网店，是个外行；现在竞争激烈，内行开网店都可能赔钱，他怎么在负债累累的情况下，保证盈利呢？

他用了 3 天时间，每天 16 个小时，把付费买来的相关精华文章全部打印出来，一边阅读一边做笔记，将如何开店、选品、使用生意参谋、做主图、做详情页、测评等每一个知识点都罗列出来，并附上自己的理解。整个过程中，他积累了 5 万字的笔记，其中涵盖了大量细分的知识点。

第 4 天，他就正式开始经营网店了。经营期间有过几次业绩的反复波动，但他通过强大的学习能力，不断复盘、优化，使网店利润从每个月 1 万元变为 3 万元、5 万元，仅仅一年的时间，他就做到了月利润 50 万元，彻底还清了欠款。如果你也有这个能力，那干什么都不用害怕了。

读了这个故事，你肯定纳闷：这和审题有什么关系呢？关系太大了，如果你没有审题能力，就不能像小 A 那样，3 天读完所有文章，并写出 5 万字的笔记，也不能吸收其中的精华，自然不能成就一番事业。

很多同学不屑道："不就是看懂题目吗，谁不会？"实际上，审题这件事情没那么简单。仔细想想，你有没有说过下面这些话。

● 哎呀，漏掉一个条件，怪不得做不出来。

● 太可惜了，问的是"小时"，我给的答案是"分钟"，真坑！

● 题干给的条件太多，我都看乱了。

● 答题太快，看到 B 选项直接就选了，没想到 D 选项才更准确、
更全面。

这些都是典型的审题问题，《硅谷来信》的作者吴军说，几乎有
一半的学生做错题，是因为审题不清。我们仔细思考一下，在审题过程
中，你的大脑中发生了什么？

第 1 步，眼睛认清题目中的每一个词、每一句话，将其投射到大脑
中，以了解它们表达的是什么意思。题目通常分两部分，第一个部分是
已知条件，第二个部分是需要解答的未知问题。审题时对每一部分都不
能掉以轻心。很多同学在这一步就出错了，比如把 8 看成 5，把乘看成
加，起点错误，后面全错。

关于审题不清有一个真实的故事。

儿子英语测验错了两道选择题，老师要求家长抄题让孩子重做并
带孩子订正。我在抄题的时候，儿子随口说了句，这两道题的答案都是
"A"。于是，我故意打乱了题目原有的选项顺序，抄完给儿子重做的
时候，嘱咐他要认真审题，但不出意外，儿子写了两个"A"，全错！

第 2 步，大脑把题目中的词语替换成自己能理解的概念，把题目中
的已知条件串联起来，形成一个整体，再转换成书面语言，形成答题思
路。这个过程不仅适用于物理、数学等科目，也适用于语文、英语等科
目。很多学生害怕做语文的阅读理解，本质上是因为他们没有把其中的
"术语"搞清楚，所以才会胡乱答题。

第 3 步，结合问题，从已知条件中寻找线索，判断需要用到什么知
识点、哪个公式，已知条件对应公式中的哪些参数，还缺少什么参数，
缺少的参数用什么方法可以得到。很多学生太懒，在寻找线索的过程中
不想动笔，试图"想"出答案。

到初中以后，这种方法是不行的，比如在做数学题时，必须动笔画
辅助线、列公式，甚至用特殊值尝试，这样才能找到正确的解题思路。

看到了吗？每做一道题，就要经历上述 3 步，而执行好这 3 步的前提就是审好题。重要的事情说 3 遍：

审题很重要！

审题很重要！！

审题很重要！！！

07 | 这么检查：让你多得10分

有一位妈妈，她的孩子正在读小学六年级，在数学计算方面，她的孩子总是因为粗心大意而出错，事后也满不在乎，她问我有什么方法能让孩子变得细心一些？

我在小学时也经历过这样一段黑暗时期。每次考数学，我都觉得题目很简单，总是全班第一个交卷，心里不免得意扬扬：看吧，还是我最厉害！结果分数公布后，我每次都只能考80多分，而且犯的都是低级错误，比如看错题目、看错单位、计算出错等，班主任还当着全班的面狠狠批评了我一顿，说我过于骄傲。

我以前一直是村里学习最好的学生，被班主任当众批评，这让我觉得太丢人了。憋着一口气，我走上了满分之路。既然我决心这么大，后面考试没出问题了吧？没那么简单！

后面的几次考试，我很认真答题，不提前交卷，写完以后再检查两三遍，结果每次都是差那么一点儿，总是拿不到满分。我每次都会犯一两个小错，可只要一看到答案，就猛拍大腿，感叹大意了，又大意了。到底怎么回事？我明明已经很认真了。于是我仔细分析这些错题，发现每道题都有陷阱，有些还不止一个，而我做题时考虑得不全面，就忽略了这些陷阱。

总结下来，题目看上去很容易，我却总是因为马虎犯低级错误。要想改掉这个毛病，可以采用以下方法。

1.读懂题目，看清问题

我经常自以为是，觉得某道题之前好像做过，于是没读完题就开始作答，但是中间某个条件不同或者问题不同，我想当然地给出的答案自然就不对。

2.看清数字

我曾经不止一次抄错数字，把 2/3 看成 3/2，把 1000 看成 100，所有的步骤都对，但是数字错了，结果可想而知。除了数字，单位也很重要，我曾经把厘米看成毫米、把小时看成分钟，事后总是后悔不已。

3.计算错误

这也困扰了我很长时间，比如把 15+18 计算成 23，把 0.5×0.8 计算成 0.04。我的解决办法很简单，重视这类计算错误，把它写到错题本上，没事就翻看，考试前也看一遍。

Tips: 还有一个检验计算结果的方法，就是奇偶校验：奇数＋奇数＝偶数，偶数＋偶数＝偶数，奇数＋偶数＝奇数，等等。很多计算错误用这种方法能一下子验证出来。计算错误的本质是不熟练，不要用粗心当挡箭牌。你可以静下心来，每天做一页计算题，全都对了就奖励自己一根棒棒糖。计算能力是基本功，只能通过大量练习来提升，没有任何捷径可走。

同时要注意，按照顺序答题，并在草稿纸上写清题目编号，方便检查。很多学生做题时在草稿纸上随意乱写，等到检查时根本找不到对应的笔迹，还要重新厘清思路再计算一遍，这非常占用时间。

4. 多方法求解

每个题目我都最少想出两种解答方法，考试时用 A 方法答题，验算时用 B 方法，这种交叉验证很有效。

5. 代入原题验证

把得出的答案代入原题，看看能不能满足所有条件。另外，可以代入特殊值，比如把三角形替换成等边三角形，把字母 A 替换成 1 或者 0，很快就能得出结论。

6. 要敢于放弃

遇到完全没有思路的题，可以静下来想 3 分钟，如果依旧没有思路，先果断放弃，做下一题，千万不要在一道题上浪费过多时间。考试看的是总分，你做简单题得到的 2 分和做难题得到的 2 分是一样的。

前面所说是答题的整体策略，但做完试卷后该怎么检查呢？我在检查方面经历了以下 3 个阶段，检查效率也越来越高。

第 1 阶段，全面检查。初中及以前，题量小，用一半的考试时间差不多就能把试卷做完，有充足的检查时间，有些题甚至能检查三四遍。

第 2 阶段，重点检查。到了高中以后，全面检查的方法不灵了，做完最后一道大题后通常只剩下 10 多分钟，如果全面检查，肯定来不及，那该怎么检查呢？考试时，每做完一道题，就判断一下，这道题能不能确保正确，如果不能，就在草稿纸上做个标记。等到做完试卷后，重点检查标记的几道题就行。

重点检查看起来很好用，但其实也存在问题，即那些你认为 100% 正确的题也有可能做错。那又该怎么办呢？进入第 3 阶段。

第 3 阶段，边做边检查。这是我从高二下学期开始使用的方法。我发现，做完一道题后，立刻检查，能极大地提高准确率。因为这时候刚读完题，印象深刻，可以用多种解法，从多个角度演算。比如把答案代入原题，看是否符合条件；通过奇偶检验判断结果；用特殊值（0、1、2 等）进行检验。运用这种方法后，我在熟悉的题目上再也没有丢过分。这也是我经常说的"会做的题 100% 拿分"的由来。

从此以后，每次考试我都感到很踏实，只要做完最后一道大题，基本上就知道自己这次能考多少分了。而神奇的是，我依旧能提前 10 多分钟完成试卷，到现在我也不知道为什么。

所以结论就是：建议大家直接使用边做边检查的方法，这样做效率最高。

08 │ 记忆堵塞：考场上大脑突然一片空白怎么办

有一类学生，平时做题很顺畅，一到考试就紧张，大脑一片空白，很容易发挥失常。一个典型的场景是：明明很熟悉的公式、概念、单词、古诗词，关键时刻怎么想都想不起来，这就是记忆堵塞。记忆堵塞的本质是不够熟练，你想，1+1=2 你绝对不会忘吧？

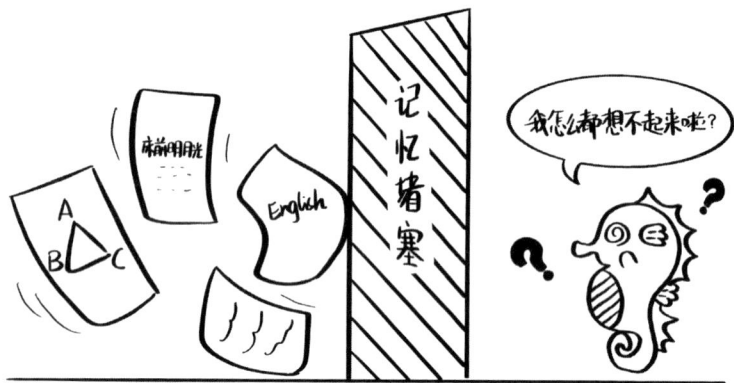

以我为例，在高考的前两天，为了方便去考场，我住在同学的亲戚家。当时我严重失眠，总觉得很恍惚，很焦虑：万一考试时，我把公式都忘光了怎么办？巧的是，同学亲戚家有台录像机，可以放录像带，那时我偶然间看了一部电影，名叫《六指琴魔》，我被深深吸引了，翻来覆去看了好多遍，居然把高考暂时放到了一边，真正放松了两天。

在进入考场前，我还试图回忆要点，发现大脑似乎一片空白，幸好留给我紧张的时间并不长，我很快就进了考场拿到了试卷。一拿到试卷，那种得心应手的感觉就回来了。现在回忆起来，这是因为我平时做的题够多，我已经形成了条件反射：看到试卷上的题，大脑自动就开始思考。

从脑科学的角度分析，我做的题足够多，脑神经之间的连接非常通畅，稍微给个提示，我就能得出答案。但做题不够的中等生怎么办呢？这里给你4根"救命稻草"。

第1根，走为上计。遇到记忆堵塞时，首先要镇定下来，深呼吸3次，同时告诉自己"放松、放松、放松……"，如果实在想不起来，直接放弃，不要在一道题上死磕，直接去做其他题。

第2根，联想记忆。回忆一下老师讲课时的情景，或自己的复习笔记，从中找到蛛丝马迹。当然，这要求你上课认真听讲，认真做笔记。如果没有以上的积累，请看下面的方法。

第3根，神秘学霸。可以站在第三者的视角，设想年级第一的学霸突然出现，他手把手地教你这个知识点。这种方法可以调动你的潜意识，帮你找回记忆。

第4根，试卷线索。考试题量大，有时候同一个知识点会考查多次。你可以在试卷上寻找类似题目，根据其中的已知条件进行推测。或许一道选择题的选项中，就隐含着解答题的线索，当你做解答题时，就能通过选择题中的线索找到解题依据。

使用这些"救命稻草"的前提在于你有强大的知识体系。我在清华大学读书时，特别佩服同宿舍的一位同学小A，他可以从基本公理出发，把书中的定理一一推导出来。别人需要记一个公理、3个定理、5个推论，而小A只需记住一个公理，这就是有强大知识体系的作用。

09 | 马虎粗心：是大毛病，要改!

很多学生过于自信，总认为自己学得很好，但每次考试分数都不高。他们认为自己每道题都会做，分数不高只不过是因为考试时"一不小心"做错了，下次认真一些就能做对。可惜，这仅仅是他们的幻想而已。因为分数不会说谎，这次考 80 分，如果不做出改变，下次依旧只能考 80 分。也许运气好能考 85 分，但想突破到 90 分势必难如登天。

为什么会这样呢？我们来分析一下。

- 为什么会马虎？因为没看到（或看错了）。
- 为什么没看到？因为分神了，注意力不集中。
- 为什么会分神？因为信息量太大，理解不过来，记不清楚。
- 为什么觉得信息量太大？因为里面有很多半生不熟的概念，消耗脑力。
- 为什么会觉得概念半生不熟？因为对相应的知识点掌握得不够熟练。
- 为什么不熟练？因为做的题少或者理解不透彻。

总的来说就是，为了答题，前面耗尽了脑力去想解题思路，等到最后准备填写答案时，大脑觉得任务总算完成了，松了口气（也就是走神），结果就写错或算错了。

明白了问题的根源，就可以对症下药了。打好基本功，重点从以下 3 个方面练习，能让你再也不是"小马虎"。

1. 限定时间做题

主动给自己施压，比如用 30 分钟做完 20 道选择题，用 15 分钟完成一道大题，用 30 分钟写完一篇 800 字的作文。千万不要拖拖拉拉，这样才能训练自己的专注力。刚开始练习的时候可能会比较痛苦，一次只能集中精力 20 分钟，经过不断的练习，专注力会逐步增强，延长到 120 分钟以上。这个方法我提到过很多次，不要嫌我啰唆，因为它太重要了。

Tips： 如果你能做到这一点，就有了自己的竞争优势。很多学生没有刻意训练过专注力，每次考试时虽然有 120 分钟，可他们只能集中精力 30 分钟，需要走走神、休息一段时间后，才能再次保持专注，这样他们真正的做题时间可能只有 90 分钟，从而很难考高分。

2. 不要轻易原谅自己

初中时，有次考试，我把 0.1×0.1 错算成了 0.1。我哈哈一笑："这是低级错误，下次肯定不会犯。"没想到，期末考试时，遇到了 0.2×0.2，我大笔一挥，得出了 0.4！结果被扣了 2 分。这件事让我大吃一惊，我居然在这个低级错误上跌倒了两次！

仔细研究后发现，由于 1×1=1，我就先入为主，不假思考地认定 0.1×0.1=0.1，而忘了给小数点移位，得出 0.2×0.2=0.4 也是犯了同样的错误。怎么办呢？我只要看到类似的乘法运算题，就会先把乘数分别乘以 10（这里小数点后只有一位，所以只用乘 10，千万不要生搬硬套），然后再计算，最后再除以 100。从此以后，这类错误我再也没犯过。

3. 深入理解概念

举个例子，角平分线是角的对称轴吗？看上去很简单的一道题，却有很多学生答错。对这种似是而非的问题，一定要深挖概念：角平分线是一条射线，而对称轴是直线，所以答案是"不是"。

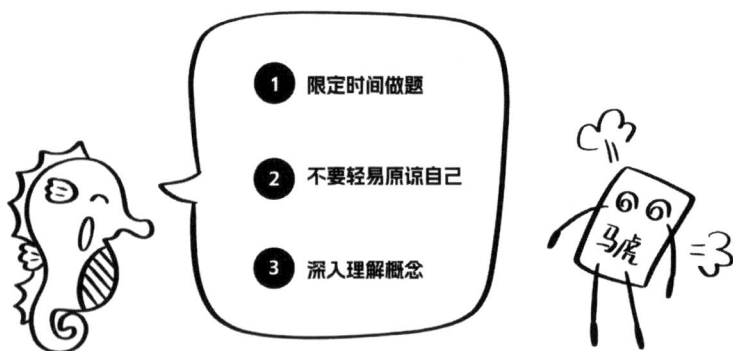

1　限定时间做题

2　不要轻易原谅自己

3　深入理解概念

马虎

最后，你被扣的每一分都不冤枉，这不是偶然发生的，但有方法可以避免马虎。

10 │ 一改就错：考试答案要不要改

小学时，我曾经因为改错一道题，错失年级第一，当时我非常懊恼，甚至给自己定下铁律：相信第一感觉，坚决不改答案！结果很明显，铁律后来"锈"掉了，因为不改不代表不错。正确做法是什么呢？

首先要明确，"一改就错"这句话是不对的，用反证法可以轻松证明：如果"一改就错"成立，那我多次因改了才考的 100 分就是假的了。关于改选择题答案这件事，心理学家做过 33 次独立的研究，所有这些研究的结果都表明，从错改对的概率高于从对改错的概率。

那么问题来了，为什么改错答案这么让人刻骨铭心呢？这是因为厌恶损失心理在作怪。厌恶损失是金融学中的一个概念，其含义是"损失带来的痛苦远大于收益给你带来的满足"。举个例子，你和别人打赌，赢得 100 元带来的快乐远远小于输掉 100 元带来的痛苦。将这个概念用在考试上，当你改答案以后，改对得分带来的快乐远远小于改错丢分带来的痛苦。明白了这个道理，你就不会那么纠结了。

关键在于，什么时候该改，什么时候不该改，如何提高改答案的正确率。我们接下来分 3 种情况讨论。

第 1 种，稀里糊涂的"学渣"。"学渣"经常考试不及格，读题后往往没有思路，答题凭运气。在这种情况下，改不改答案对他们来说无所谓，反正都是蒙的。改答案通常出现在检查环节，但大部分"学渣"根本没有检查的习惯，他们也就没有这个烦恼。

第 2 种，不上不下的中等生。中等生的成绩往往为 60~90 分，他们能答对大部分题目，是最应该在考试时检查的群体。检查出"错题"，该不该改呢？对于数学、物理这种科目，我的建议是交叉验证，从多个角度解答，看看哪个答案正确，尤其不要漏步。对于语文、英语这种科目，很多时候答题都凭"感觉"，再加上前面所说的心理学家的研究结论，建议还是改一下。

第 3 种，信心满满的学霸。这是我的情况，每次考试，我也会有三五个不确定的题，会在这些题上反复研究，有时候改，有时候不改，但都一定会耗费大量脑力。这么做以后，即使答案错误被扣了分，我也会对这个知识点印象深刻，同样有收获。同时，把正确答案与自己的思路相互印证，下次遇到类似的题时，就再也不会错了。

无论如何都要恭喜你能发现"错题"，这是一种元认知能力。从不能发现"错题"到能发现"错题"，这本身就是一种进步。

Tips: 元认知是美国心理学家弗拉维尔提出的概念，即对认知的认知。例如，你在学习中，一方面进行着各种认知活动（身体感知、记忆知识、逻辑推理等），另一方面又对自己的各种认知活动进行积极的监控和调节。这里的监控和调节就是元认知。

11 | 满分秘籍：我的临场考试技巧

小 A 智商挺高，可考试成绩却总在 80 分（满分 100 分）的水平徘徊，他从没考过满分。很多时候，试卷上的题小 A 全都会做，连最后的大题他都能做对，但他却总在不该丢分的地方丢分。每次考试后，都会有学生说："这次没考好，没发挥出正常水平。"错！除非遇到生病等极端情况，大部分学生发挥出来的其实就是他的正常水平。有些题明明会做，但考试时马虎了，本质上就是不会或者说掌握得不透彻。别再为自己找不像样的借口了，你真正的问题在于存在思维盲区。

我曾经和儿子说："你认真检查，确保会做的题 100% 拿分。"儿子直接怼回来："这怎么可能？学霸也做不到！"

事实上，初中 3 年，我在绝大多数情况下数学都能拿满分，躲过试卷中所有的坑。我是怎么做到的呢？每当遇到新题型、新概念，我都会尝试用以前的知识点强行破解，这往往是可行的，只是过程会麻烦一些。掌握了新定理后，我的效率更高，因为新定理相当于把以前的一大堆步骤合并到一起了。

那么为什么我能长期考满分呢？每遇到一道题目，我都会有多种思路，并用这些思路进行交叉验证。先用"屠龙刀"砍一下，再用"倚天剑"剁两下，在大多数情况下我都能得到相同的结果，那自然就做正确了；有时交叉验证的结果不同，我就知道遇到"坑"了，需要格外关注这道题，于是再用"开山斧"劈几下，也就顺利搞定了。所以，考完试不用对答案，我就可以直接说："这次考 100 分，稳了。"

马虎是结果，而不是原因。很多学生背负了"聪明"的标签，把"马虎"当借口，这样做的危害非常大。我们要尽量保证不犯错误，在考试时就要注意如下几点。

第一，进入考场，找到自己的座位。把演算纸、笔袋放到右上角，提前多准备几支笔，以应对突发情况。

第二，考前不要大量喝水，以免中途想上厕所，若不允许上厕所会引起身体不适，即便允许去上厕所也会耽误答题时间。同样，考前不要吃过于辛辣的食物，避免拉肚子。

第三，选择题有几种快速解答方法（特殊值法、排除法、极端法等），使用这些方法半分钟内就能找到答题思路。

第四，列出检查重点。拿不准的题目做特殊标记，检查时重点查看；在物理、数学考试中注意正负号、单位；检查答题卡有没有漏涂……

第五，严防计算错误。很多学生以为这个问题下次考试时多注意就行了，其实没那么简单，计算错误本质上是计算能力不足，平时要进行强化练习才能提升。很多学生在高考时，都曾因为计算能力不足丢分。

第六，审题务必仔细。比如前面已知的信息，单位是米，最后问题问的是厘米，算出的结果没有换算。这是做事不稳重、急躁的表现，有此类问题的同学要注意培养耐心。

第七，不要漏掉信息。漏掉信息通常是因为专注力不够、信息处理能力不够，没有足够的耐心读完一道题。

我儿子就有这种问题，他最怕字多的应用题，光题目就有 5 行，他读着非常吃力，解答自然也困难。这是因为他的大脑不能同时处理这么多信息，搞不清信息之间的关系。

第八，避免卷面邋遢。有些学生的字写得很难看，歪歪扭扭，大小不一，6 写得像 0、7 写得像 1，这导致老师判卷时很容易判错。这时不要去埋怨老师，要从自己身上找原因，为什么老师会判错？还是因为自己写得太乱。

第九，放松心情。有些人平时作业都完成得很好，可是一到考试就出错，这大概率是紧张情绪造成的。这时候要注意放松，培养自己的应试能力，要时刻告诉自己：考砸了也没什么大不了的。

12 │ 帕金森定律：为什么考试时间不够用

你有没有过这种遗憾：明明试卷上的题都会做，可时间不够用，最后的大题还没写完，就要交卷了。你在心中呐喊："再给我10分钟，我就能考100分了。"每个学生的考试时间都一样，我们要做的不是抱怨时间不够用，而是要反思：为什么自己没做完？在我看来，这就是熟练度问题，也是决心问题。

先讲一个故事。

放学回家，小A要完成一套物理试卷，正常的考试时间是75分钟，小A觉得自己60分钟就能搞定。吃过晚饭刚7点半，距离洗澡休息时间（10点半）还有3个小时，时间非常充足。他是怎么做的呢？

小A先从书包中找到试卷，用5分钟看了一下，发现最后一道选择题比较难，涉及新学的知识点，他觉得先复习一下知识点比较好。

然后，小A拿出课本，复习了10分钟，又看了20分钟的练习题，觉得心里有数了。这时突然想到周末是小红的生日，应该给她准备个生日礼物，最起码应该写一张生日贺卡。

接下来，小A翻箱倒柜地找贺卡，用了30分钟才找到，接下来就是想祝贺词。他在纸上练习了几遍，抄写到贺卡上，还做了个精美的包装。这又过去了20分钟。

最后，小A终于走到书桌前开始写作业，写了30分钟，他突然觉得有点渴，去冰箱里拿了一瓶水，喝完水顺便上了个厕所，上厕所时玩了一会儿手机，一不小心又过去了 30 分钟。回过神发现已经 10 点了，急急忙忙之下，终于在 10 点半前完成了试卷。

这是不是和你很像？这是帕金森定律的典型表现，该定律由英国著名历史学家诺思科特·帕金森发现，他还写了一本书，就叫《帕金森定律》。该定律指出：工作会自动占满一个人所有可用的时间。

Tips: 如果一个人给自己安排了充裕的时间去完成任务，他就会放慢节奏，或者增加其他项目以便用掉所有的时间。这就是很多学生有拖延症、效率低下的原因。

知道了问题所在，怎么解决呢？我的方法是：不找任何借口地限时完成。比如在前面的例子中，小 A 应该这样做。

用 5 分钟做好计划，比如 7:40~8:40 完成试卷，把自己关在书房中，将手机放在一边，假装是在考试，一口气完成任务。也记得叮嘱父母，在此期间不要送水、送水果，不要有任何打扰行为。

8:40~9:00 休息 20 分钟，可以听歌、闭目养神、到小区楼下转一圈。总之，放松大脑。

9:00~9:30，预习第二天的数学、物理，找到自己不太理解的知识点，明天上课时注意听老师讲。

9:30~9:40，休息 10 分钟。

9:40~10:20 整理错题本，复习、巩固今天课上所学的内容。尤其是语文、英语的知识点，着重记忆一下。复习完毕，收拾书包，准备洗澡睡觉。这时候再准备给小红的生日贺卡，因为时间不多，注意力更集中，行动更快，可以用最短的时间找到贺卡，写出生日贺词。

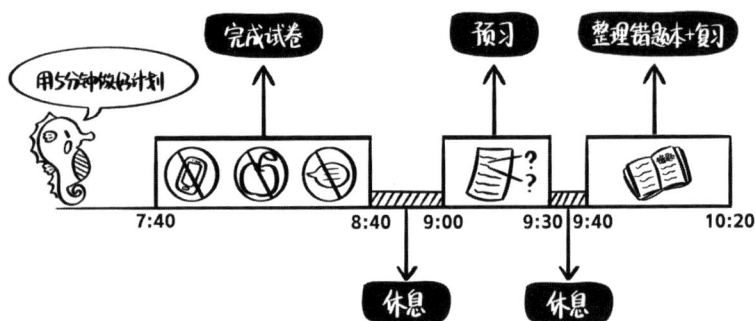

　　不仅是做试卷，其他练习题也要限定时间完成，并且要保证准确率。一般来说，试卷里通常会有 60% 的题目是基础题目，只要正常学习，课后习题都认真完成了，就可以及格。有些人不愿意做课后习题，这是不对的，我们要树立"课后习题是所有试题的根本"的观念。

　　一段时间专注做一件事情，尤其是写作业，一定要限定时间，并且要保证准确率，把作业当成考试，才能在考试时得心应手。给自己施压，便能不断开发大脑潜能，久而久之，你的做题速度就会变快，也就不会再出现考试时间不够用的情况了。

第七章

Chapter Seven

打造朋友圈：
海马体也受情绪影响

　　为什么学校会分为省重点、市重点、区重点？为什么清华大学、北京大学的录取分数高？因为好学生可以互相影响，互相促进。如果你想成为学霸，那就从现在开始打造自己的朋友圈，在积极向上的氛围中，你的成绩也会快速提升。

01 ｜ 习惯心理学：你的分数是你 6 个好朋友的平均值

　　一名初中生小 A 找我聊天，他说自己平时学习很努力，喜欢读书，只是一直没找到适合自己的学习方法，期末考试成绩经常处于中等水平。

　　他说他讨厌开学，觉得还是放假在家里玩儿好。我就问他："为什么呢？"他说的第一个原因是，很多同学都在群里表示讨厌开学，自己听多了，也不知不觉地讨厌了起来。

　　我让他现场翻聊天记录，看看说讨厌开学的都是哪些学生，成绩怎么样。他直接说，讨厌开学的同学的成绩在班里处于中下游。我又问他，群里有班里前几名的同学吗？他说有几个成绩好的。

　　我让小 A 搜一下这几个成绩好的同学在群里的发言，结果发现，这些人几乎没发过言。这也许就说明，天天上网时间过长的孩子，大概率成绩不好。延伸一下，如果孩子有各种群，如游戏群、追剧群、八卦群，那他的成绩大概率不会太好。

　　我提醒小 A，如果这个群长期全是抱怨，还是赶紧退出，不好退出的话可以折叠群聊，眼不见为净。这种做法涉及强者思维和弱者思维。

- 强者思维。拥有强者思维的学生相信自己能取得好成绩，会把大部分时间和精力都用在学习上。遇到难题，他们迎难而上，想尽办法解决问题，如查资料、请教同学、请教家长等。这些学生即使初期成绩差一些，后期也能挤进班里前 10 名。

● 弱者思维。拥有弱者思维的学生抱怨环境，相信运气，遇到困难后的第一反应是绕开或者说自己不在乎，总之不敢"硬碰硬"。他们还喜欢拉人下水，即"我学不好，你们也别想学好"。他们的典型表现是喜欢抱怨，传递负能量，就像小 A 的同学群里讨厌开学的那些学生，小 A 在不知不觉中被他们影响了。

我随便举几个例子。

● 平时就经常说脏话的人，等到了正式场合，一不小心也会飙出脏话。

● 爸爸有不良习惯，通常孩子也有相应的不良习惯。

● 每天和同学讨论习题，不知不觉中成绩就会提升。

大家都听过孟母三迁的故事，它讲的就是人与人之间会互相影响。

孟子的母亲，人称孟母。最初她的家靠近墓地，因此孟子小时候玩的都是模仿下葬哭丧一类的游戏，他还喜欢和人学习如何造墓、埋坟。孟母见了便说："这里不该是我带着孩子住的地方。"

于是孟母决定搬家，并将家搬到了集市旁。孟子结识了新朋友，就和他们玩起了杀猪杀羊和做生意的游戏。孟母知道后又说："这里也不是我该带着孩子居住的地方。"

最后，孟母将家搬到了一个学宫的旁边。这时孟子所学的，就是祭祀礼仪、作揖逊让、进退法度等。孟母说："这里才真正是可以让我孩子居住的地方。"于是就一直住在了这里。后来孟子长大成人，学精六艺，成为有名的大儒。

环境对于一个人的成长有着很大的影响。现代社会，学生的大部分时间都是在学校里度过的，要想有一个好的环境，除了要尽量考入学习氛围好的学校外，还需要自己有筛选朋友的能力。这件事说起来简单，但在现实中大部分学生都做不到。筛选就意味着列标准，你仔细考虑过你的交友标准吗？

每个标准都代表了你的选择，代表了你对自己的定位。如果你想成绩好，自然会和成绩好的人交朋友；如果你喜欢玩游戏，那就和游戏"大神"交朋友。有人可能不服："某人不仅成绩好，打游戏也厉害，为什么我不能这样呢？"如果你可以兼顾学习和打游戏，当然没问题。但如果你的成绩并不好，而人的精力又有限，那你自然应该以学业为重。

人天然就喜欢玩游戏、喜欢偷懒、不爱动脑筋，这是人的本性。那些喜欢研究难题的人，可以说已经达到了另外一个境界。在我的家乡有一句俗语："学好不容易，学坏一出溜"，说的就是一个人想变好是很难、很辛苦的，而想变差却非常容易。

这种现象在脑科学中也有相应的解释：大脑中有一种细胞叫作镜像神经元，它有很强的学习能力，能使人模仿身边朋友的行为。

比如孩子小时候牙牙学语，就是镜像神经元在起作用；你和朋友聊天时经常眨眼，朋友通常也会不由自主地眨眼，这也是镜像神经元在起作用。如果你身边的人都在努力学习，你也会更愿意努力学习；如果你身边的人都在玩游戏，你也会想要跟着玩游戏。道理就这么简单。

怎么养成积极向上的习惯呢？这里给出美国心理学教授伍德在《习惯心理学》一书中的结论。

要想持久地成长，不断进步，你需要的不是毅力，也不是自控力，当你心里想着"坚持""努力"的时候，你的潜意识是不情愿的，因为你在强迫自己，这样做绝对不会长久。正确做法是，将坚持、努力变成一种习惯，让你不用思考就能直接去做。再深究一下，习惯存在于我们的潜意识中，是第二个自我。我们每天有接近一半的时间在不经思考地做事，比如早上起床后上厕所、刷牙洗脸，做这些事一般不会耗费你的意志力。

我们要做的是，把学习也变得像呼吸一样轻松自然，在学习过程中，意志力用得越少越好。就像减肥，方法和道理大部分人都懂，但如果每天都强迫自己少吃多运动，大部分人往往坚持不到一个星期就放弃了。这是因为每个行动都在消耗他们的意志力。学习也是如此，如果每次翻开课本，都需要先给自己鼓劲儿，那这个人的学习成绩通常不好。

具体怎么做才能把学习变得像呼吸一样轻松自然呢？

首先，找到一个积极向上的环境，确保你能毫不费力地启动学习。比如你身边的同学都在写作业、研究难题，你也会自然地翻开课本学习；如果你身边的同学都在讨论王者荣耀，你翻开课本的困难指数会增加 10 倍。这非常重要，也是这一章的核心。

其次，持续给自己小小的奖励。比如，每做一次与学习相关的事情，就给自己加一定积分，积分累积到一定程度可兑换奖励。我上高中时也经常奖励自己，比如做作业全对、平时小测验全对、搞明白一道难题，如果觉得自己很棒，就会给自己奖励，甚至请自己吃一顿小炒。

Tips: 我是住校生，每天吃食堂的大锅饭，早就吃腻了，外面的小炒味道更好，但是要比食堂的饭菜贵很多，所以我把吃小炒当作对自己的奖励。

最后，不断重复这个行为，直到形成习惯。比如每天早起背诵古诗，确定好时间后，一天不漏？那需要多久才能养成习惯呢？每个人都不同，但通常符合"21天定律"：大脑构筑一条新的神经通道需要21天时间。所以，重复21天及以上，往往能将一种行为变成习惯。而重复90天以上，就会形成稳定的习惯。据我观察，仅重复21天就养成习惯的是少数人，大多数人还必须配合好的环境的影响和不断给予自己奖励，让自己乐在其中，才能真的养成习惯。

最重要的是，你要理解"摩擦力"这个概念，不爱读书的同学、装满游戏程序的手机，都是阻碍你成长的"摩擦力"，尽量远离他们，好的习惯自然就会养成。

02 | 校园霸凌：分清谁是"敌人"、谁是朋友

小 A 和我哭诉，班上有两个男生总是针对他，给他起外号，到处说他坏话。他先和老师说了，老师批评教育了那两个男生，但没啥用。小 A 又把这件事告诉了妈妈，他的妈妈知道后向我求助。

经过了解，我发现小 A 比较内向，说话少，朋友也比较少，那两个男生看他好欺负，所以故意招惹他。最开始小 A 以为只是同学间开玩笑，后来他们越来越过分，经常欺负他。小 A 没有反抗意识，总想着忍忍就过去了，结果搞得自己很压抑。他给我发消息，说自己都不想上学了，每次上学前肚子都隐隐地疼。可见，小 A 的心理恐惧已经延伸成生理恐惧了。

我说："他们欺负了你这么久，你就不用再当他们是同学了。他们是你的'敌人'，你要坚决'反击'他们，'反击'到他们不敢招惹你为止，不然整个初中 3 年你都过不好，更别说想专注学习了。"

过了几天，小 A 高兴地和我说，问题解决了。周三课间，两个男生中的一个又对他阴阳怪气地说话。小 A 突然冒出一股怒气，把之前受的委屈都说了出来，彻底揭露了两个男生的无耻之处。霸凌他的男生直接呆住了，喃喃地说："至于吗，我就是开个玩笑。"

小 A 根本不理他，恶狠狠地走过去，做出一定要理论清楚的架势，那两个男生直接被吓跑了。经此一役，小 A 再也没被欺负过。他和我说，这几天感觉天也蓝、水也清，连背诵他最讨厌的古诗都变得容易了。

我把这件事和儿子说了，然后告诉他："谁是我们的朋友，谁是

我们的'敌人'，一定要搞清楚。如果在学校过得不开心，甚至过得胆战心惊，精力都用在怎么保护自己上，学习成绩肯定好不了。我们不仅要学习文化知识，也要学习人际交往技巧，这也是进入社会的必修内容。"具体怎么做呢？

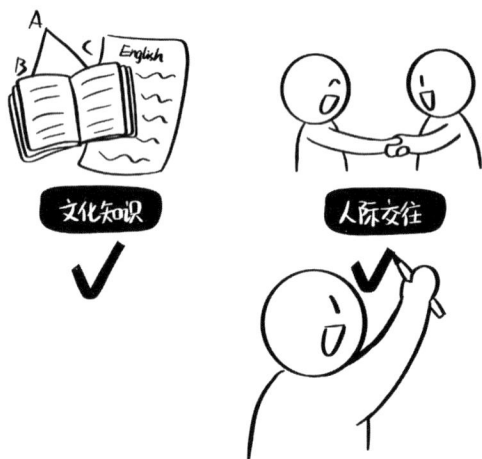

首先，把人分成 3 类：朋友、路人和"敌人"。刚到学校时，大家互相不熟悉，都是路人，没有好坏之分、亲疏之别。慢慢交往久了，我们会找到志趣相投的朋友，也可能因为各种误会，有关系不好的同学。

其次，不主动挑衅，先用善意理解同学之间的小摩擦，三观不合的人也可以是路人，而不一定是"敌人"，远离即可。

再次，如果有人总是挑衅你甚至伤害你，最终确认他们是"敌人"后，就不要委曲求全，而要坚决"打击"。

最后，想办法把自己的朋友变多，比如物理位置上相近的同学、一起参加活动的同学、在同一小组的同学等都可以变成自己的朋友。朋友多了以后，"敌人"就不敢轻举妄动。比如我儿子喜欢踢球，有一群球友，每天他们一起出去玩，声势浩大，别人就是想欺负他，也要掂量掂量。

做好人也是有底线的：你可以不扎人，但必须有刺。好人的好心只给朋友，不给"敌人"。

03 | 原生家庭：父母很爱你，但他们不一定总是对的

　　我的智商属于中上水平，但肯定不是顶尖水平，因为从小学到初中，再到高中，我每到一所新学校，最初都不是班里成绩最好的，而且每个班里都会有几个明显智商比我高的同学。想想看，在一个 40 人的班级里，我的智商都不是顶尖水平，放在全市、全国，也就只能是中等偏上了。

　　即便如此，我仍然考上了清华大学，你可以想象我有多么骄傲和自信吧。我最自信的就是有一套独有的学习方法。

　　现在，我的儿子上初中，我当然想把这套方法传授给他，希望他的成绩一飞冲天。但我教给儿子 10 个方法，儿子真正用到的连一半都没有。我曾经很生气：这么宝贵的经验，你居然不珍惜，真是暴殄天物！

　　接下来就是我和儿子的拉锯战，我告诉他好的方法，他不听；我很愤怒，强迫他跟着做，他迫于压力，阳奉阴违；他的假装服从被我发现，我更愤怒，于是，更严格地检查，更严格地督促。每当我想让儿子掌握一种方法，都要重复经历上述过程，这让我又气又累。

　　以上是从我的视角得出的结论，即一位有能力又负责的老爸在辛辛苦苦教育不成器的孩子。且慢！我的观察真的对吗？站在儿子的视角观察呢？下面我用我儿子的口吻来讲述同样的事情。

- 爸爸又让我预习数学，上周我一口气预习了 3 课，根本没必要再预习了。
- 为什么要整理错题本？没有错题本我也能考 100 分。
- 非要考班里前三吗？我觉得考进前十就挺好，考前三太累了。
- 玩会儿游戏怎么了？我已经完成了作业，就是想休息一下。
- 语文作业真难，我想放到最后写，可爸爸为什么非要让我先写呢？

这是我儿子的真实想法，虽然他被我的大道理压着，迫于长辈的权威，不能在口头上反驳我，但因为心里有抵触情绪，所以他就在行动上无声反抗。久而久之，他就形成内耗，边学习边纠结，整个人"分裂"成两半：一半做自己想做的，一半做爸爸想做的。在这种状态下，他很难提升成绩。虽然他在行动上屈从于我，但他内心是压抑的，压抑到一定程度后自然会爆发，甚至患上抑郁症。

那么，遇到好心办坏事的家长，应该怎么办？

首先，你要了解自己，你想达成什么学习目标（在班级里的排名、要学到什么程度等），你适合什么学习方法、适合什么时候记忆、适合什么样的学习节奏，这些都是完全私人化的，其他人都不能代替你来做决定，即使你的偶像也不行，你们学校的年级第一名也不行。目标明确后，再根据父母的类型，见招拆招。我现在列举几类典型父母。

第一类父母，要求很高，动不动就用"别人家的孩子"与自己的孩子对比。这样的父母容易焦虑，喜欢给孩子报很多课外班，试图占满孩子的所有业余时间。孩子应该怎么办呢？

首先，想明白自己的优缺点和兴趣爱好，选出你喜欢的课外班认真学习，对于你不感兴趣的（有很多原因，比如老师讲得不好、课程太简单或太难），要和父母沟通，说出原因，父母通常是会同意你退班的。

其次，降低父母的预期，尤其要打消他们不切实际的幻想。比如你拼尽全力只能考 90 分，父母非要让你考 100 分，这不是你的问题，是父母的问题。你要告诉父母，考 90 分的你也是很棒的。

最后，提醒父母孩子被强烈压迫的后果。你可以在网络上搜索"中学生厌学"，从中找出一些故事讲给父母听。所有的父母都清楚，和成绩相比，孩子的健康更重要。孩子偶尔这样提醒一下，能减少父母的干涉。

第二类父母，自己生活过得一团糟，经常在家里打牌、抽烟或者为了鸡毛蒜皮的小事吵架，不仅不能帮到孩子，还会给孩子添乱。如果你生在这样的家庭，千万不要灰心。具体怎么办呢？

首先，不要自责，不要把父母的争吵怪到自己身上。自责是一种可怕的慢性毒药，会让你越来越虚弱。时刻告诉自己：爸爸是爸爸，妈妈是妈妈，你是你。爸爸和妈妈争吵，是他们之间的矛盾，即使妈妈说"要不是因为你……"之类的话，你也别放在心上。

其次，放弃幻想，不要过于依赖父母。对于有些父母来说，能保证孩子身体健康、吃饱穿暖就很不容易了。千万不要拿自己的父母和别人的父母对比，比较是偷走幸福的小偷。

最后，你要做的是让自己变强大，将来过上好生活，然后才能有余力帮助父母走出负面循环。

第三类父母，是像写书哥这样"自以为是"的家长，自己有一套自认为管用的学习方法，就非要强行灌输给孩子。这类父母管得太严、太细，让孩子感觉很窒息。很多学霸的孩子厌学，就是这个原因。那作为孩子，你该怎么应对呢？

答案是5个字：用成绩"打脸"。学霸家长都比较上进，担心孩子不够努力，担心孩子学习掉队，但只要你成绩好，家长就不会再干涉过多了。儿子经常和我说："你别管我怎么学的，我保证考到95分以上。"我就乖乖闭嘴了。当然，我很看重期中、期末考试成绩，如果儿子的成绩达到当初承诺的水平，那我就会让他随意发挥，如果退步很多，我就会强行干涉。

提醒大家，即使你在小时候被父母压迫惯了，很容易放弃自己、陷入抑郁，你也要勇于表达自己，哪怕有时候会与父母吵架，也不要一味忍受。要找回自我，就要从走出父母的羽翼开始！

04 ｜ 英语"塌方"：面对喜欢的老师，想不得高分都难

先说个关于逆袭的故事。

小 A 是个"学渣"，她的成绩始终不好。她上课不听讲，甚至逃课打游戏，考试长期不及格。小 A 的爸爸做生意很忙，虽然没多少时间管她，但也在默默关注她。有一次，小 A 做得实在不像话，差点被学校开除，爸爸郑重地和她谈了一次话。

爸爸问："我们搬过来这边多久了？"

小 A 疑惑地说："3 年？"

爸爸又问："你有没有发现你的房间里面少了点东西？"

小 A 想了半天摇摇头："什么东西？"

爸爸叹了口气："装修完这个房间，我就给你买了张书桌，但我没给你配椅子。我就想着，等到你想看书的时候，就能发现这个问题，让我给你买把椅子。没想到过去了 3 年，现在你都已经初三了，依然没提出这个要求。"

小 A 瞠目结舌。

但就是这么个"学渣"，居然也逆袭了，怎么回事呢？小 A 与爸爸谈话后深受影响，努力了一段时间，终于考入了一所普通高中。但在高中她又开始愉快地玩耍，上课睡觉是常有的事。

有一次，小 A 觉得老师提问没人回应真的好尴尬，就忍着睡意跟老师互动了一节课。从那以后，老师们上课提问总是让她回答。小 A 也

就没办法睡觉了，只能硬着头皮认真听课。没想到，过了一个月，她就从班级第二十名变为全班第一名。

因为时刻准备回答问题，小 A 每天听课效率奇高，就凭这一点，她最后考上了一所 985 大学。

再讲个我的"塌方"故事。

高二时，我莫名其妙地和英语老师闹了别扭（仔细想了好久，实在记不清原因，但肯定是因为一些鸡毛蒜皮的小事），怎么看英语老师都不顺眼，总觉得他找我碴儿，下面是我的变化。

我的英语成绩始终保持在 140 分以上，我也一直是年级前几名。和英语老师闹别扭后，总觉得"给老师"考高分不值得，让他有面子就是我吃亏。于是面对英语考试我越来越随意，甚至暗暗地想，分数越低越好。

上课不认真听讲，故意在英语课上做数学题、物理题，我甚至想过在课上捣乱，但碍于班长的身份，没敢付诸行动。老师看到我做数学题，有时会到我身边站一会儿，但没有当着全班的面对我发火。

晚自习时，我之前经常用一节课做一套英语试卷，自从和英语老师闹别扭后，我再也没刷过英语试卷，甚至一翻开与英语相关的书，就从心里反感，不知不觉地把英语学习搁置了。

这些变化反映在成绩上也是一目了然的，我的英语成绩从 140 分以上，很快滑落到了 130 多分，别小瞧这 10 分，要争夺年级第一名的话，10 分已经非常重要，因为前几名的分数差距也就在 5 分左右。

就这么闹别扭闹了 3 个月，马上要迎来期末考试了。年级大排名可关系到我的荣誉，所以我决心不能再这样下去了。但前面已经搞成了这个样子，怎么办呢？我开始上课仔细听讲，写作业也认真了很多，但还是抹不开面子回答问题，总觉得与老师有隔阂。其实这都是我过强的自尊心在作祟，后来我把这件事和身边的同学讲了，他们都一脸诧异：

"你和英语老师闹别扭了？我怎么不知道！"

终于有一天，我鼓足勇气，单独到英语老师的办公室，请教一道完形填空题的答案为什么是"at"不是"on"？我能明显看到，老师非常高兴，他认真地给我讲了几分钟，最后的结论是：这篇文章引自国外的短篇小说，原文作者就是这么写的，所以必须用"at"。看着我一脸蒙的样子，老师说了一句让很多学生无语的话："这是语感，你要多读多看，久而久之就能选对了。"

出了办公室，我一身轻松，虽然没搞懂那道题，但是和老师的关系缓和了不少。第二天上课前，英语老师又把我叫到办公室，他专门选了两本英文书送我，让我多看看，说对做完形填空题有帮助。自此以后，我的英语成绩又回到了140分以上。

这两个故事非常典型，学生可以因为喜欢老师，进而喜欢上课，然后成为学霸。甚至不用喜欢老师，只要多和老师互动，多回答问题，成绩就会有明显的提升。我总结了很多高效学习方法、记忆方法、解题技巧，并尝试教给儿子，但这个叛逆期的男孩大部分都没接受，不过他上课时能积极和老师互动，光凭这一点，他就能考进班里前十名。

作为学生，要懂得"向上管理"，可以向上管理父母，也可以向上管理老师。一定要注意，向上管理不是讨好老师，也不是为老师学习。实际上，无数案例证明，师生关系的好坏直接关系到学生成绩的好坏。学生具体要怎么做呢？

首先，争取当课代表。课代表帮老师收发作业，会受到老师的重点关注。你也会从心里更认同老师，上课更认真，成绩也更好。尤其是中等生，一定要主动申请担任课代表，把一个科目学好，能极大地增强自信，单点突破后，学好其他科目的难度会小很多。

其次，上课积极互动。老师肯定不希望上课时自己一个人唱独角戏，他需要得到积极的反馈和配合。所以，在课堂上积极发言，肯定会受到老师的喜爱和重视。提醒大家，不要担心回答错误被同学笑话。你要明白：回答错误不丢人。如果回答错误，老师肯定会告诉你错在哪里，这是针对你的问题对你进行的一对一辅导，多好。

再次，有礼貌，情商高。平时见到老师要主动打招呼，而不是躲着走。有些学生见到老师总觉得紧张，低着头假装看不见，这很不好。

Tips: 和老师打招呼，主动帮老师做事，也是加深"羁绊"、增加彼此之间好感的方法。对这样的学生，老师肯定喜欢。

最后，和老师及时澄清误会。就像我一样，内心戏太多，最后吃亏的是自己。老师都希望学生成绩好，只要你先开口，大概率会得到好的结果。

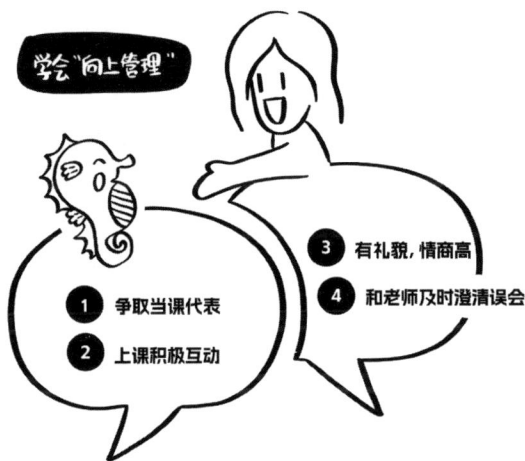

学会"向上管理"

① 争取当课代表
② 上课积极互动
③ 有礼貌，情商高
④ 和老师及时澄清误会

还有两个误区，一定不要碰。

其一，不要做告密者，不要通过出卖他人来讨好老师。事实上，绝大多数老师不喜欢这样的学生，想想电视剧中叛徒的下场就知道了。

其二，不要用恶意揣摩老师。经常有学生问我，老师故意针对他怎么办？我就问他老师做什么了？学生说，老师瞪了他一眼，或者试卷被多扣了几分，或者上课总不让他回答问题，等等。实际上，这些都不能代表老师在针对他，极大可能只是偶然事件。最好的处理方法是直接找老师说明原委，好好和老师沟通，问题一般都可以迎刃而解。

最后要说的是，老师不是高高在上的神仙，而是值得信赖的朋友。

05 │ 捣蛋分子：正确认识同学间的竞争与合作

我的一个高中同学，在班上是捣蛋分子，上课时到处说话。那时候我是班长，用了各种办法都管不了他，这让我很是苦恼。本来想着，他上课不认真听讲，成绩肯定好不了，可每次考试他都能维持在班里前十（全班共 50 人）。因为我们学校是县里最好的中学，取得这个成绩说明他足以考上一所 985 大学。

当时我就很奇怪，难道他的大脑结构和别人的不一样？毕业后聊天才发现，事实和我想的完全不一样！他是走读生，每天晚上在家都会学到深夜。他害怕在班上努力会被别人当作竞争对手，也不想让同学了解他的学习方法，就用这种方式偷着学习。

他以为骗了别人，但其实也骗了自己，要知道同学间的竞争和合作会让他的成绩更好，排名也能更靠前。因为自作聪明，他错失了很多机会。

英国作家萧伯纳说："如果你有一个苹果，我有一个苹果，彼此交换，那么，每个人还是只有一个苹果；如果你有一种思想，我有一种思想，彼此交换，每个人就有了两种思想，甚至可能会拥有多于两种的思想。"这是对互相学习最好的阐述。

　　到大学以后，他的做事风格就变了，有什么好东西，他都会和大家分享，在分享的过程中，他能够不断完善自己，进步得也非常快。

06 | 发现优点才是高手

上学的时候，我非常争强好胜，对谁都不服气，而且经常能发现别人的各种缺点。比如小 A 人缘好，但是总喜欢拍马屁；小 B 语文学得好，但是数学成绩很差。通过这种方式，我满足了自己的虚荣心。我是一名图书策划人，在创业的前几年，我依然有这个毛病：看到哪本书畅销了，先去找它的缺点，如封面太烂、某个知识点没讲明白、技术已经过时了等，并自以为这样很高明。

带着这种行事作风，我在和出版社讨论选题的时候，也常常表现得得意扬扬。幸好那时遇到了一位前辈，他对我当头棒喝："你既然这么厉害，那你策划出来过什么畅销书？你评论别人的资格在哪里？"然后直接把我打发走了，这让我觉得很是丢脸。在回公司的路上，我彻底地反省了自己。

一本畅销书的优点是多方面的，包括出版时机、包装、内容、渠道、作者影响力等，而我居然拿着放大镜去找缺点。找了半天缺点，我的能力并没有得到任何提升。我应该反过来，去找它们的优点，并学习这些优点，然后把这些优点体现在我策划的书中。

从此以后，我感觉整个世界都变了，变得更加美好。而如今，我创业 20 多年，很多图书策划公司都已经倒闭，而我的公司还在稳步前进。

Tips：将这种观念引申到学习上，也是一样的。张三语文成绩差，但他的数学和物理成绩很好，那就向他学数学和物理；李四的学习成绩不好，但同学关系融洽，那就向他学习为人处世之道。

嫉妒心的反面是"随喜心"，指的是看见别人做善事而乐意参加。随喜心要求我们遇见事情要看到它正向的一面，调整自己的心态，让自己时刻发现善的一面，保持乐观、平和的心态。这样看到别人做事取得成绩，我们也能真心跟着赞叹。

为什么绝大多数人只会嫉妒，不会随喜呢？因为很多人没有在鼓励的环境里面长大，长期被父母打压、批评，自己也被"传染"了，从而很难说出一句赞扬的话。既然明白了这个道理，那就从今天开始随喜，去发现别人的优点，赞扬他，肯定他，这样你距离这个优点就会越来越近。

从细微之处观察同学的长处，然后模仿同学，慢慢地，你的嫉妒心就会消散，在模仿的过程中随喜心会告诉你："他有点厉害啊""我也要像他这样"，很快他的优点就会变成你的优点。

嫉妒是你有我没有，所以你也不能有，大家都不能有；而随喜是你有我还没有，所以我也能有，最后大家都有。仔细品一下这句话，你会受益终身。

07 | 吸引力法则

下面讲一个真实的故事。有一个 5 岁的正常小男孩，身体健康，没什么毛病。他父母平时比较忙，没时间照顾他，就让他和他的小叔叔一起玩。他的小叔叔有口吃的毛病，小男孩觉得他这样说话很好玩，就学小叔叔说话，后来他自己就变得和小叔叔一样口吃了。等到父母发现问题的时候，这个孩子已经养成了这种说话习惯。后来父母再也不让男孩和小叔叔一起玩了，又纠正了两年，这个孩子才恢复正常。

这个故事很典型，你接触什么样的人，便会不自觉地向他学习。人是受周围环境影响的，而同时，你也是其他人环境的一部分。

该怎么办呢？我这里给出几个交友原则。

1. 遵从内心感受，发现隐藏的损友

前面讲过校园霸凌，如果被人一直欺负，你肯定要反抗。还有一类朋友也特别"坑人"，他们可能从小就和你是好朋友，你们一起上学，一起放学；他们也可能是你刚进入新学校时结交的朋友。你很珍惜他们，把他们当作你最好的朋友。

但是，如果某个好朋友总是强迫你做你不喜欢的事，那你就要小心了。如果他要求你做的是违反道德（欺负其他同学）、违反校规（半夜翻墙出校看电影）的事，那你就要提高警惕，你可能已经被所谓的好朋友"绑架"了，这样的朋友就是损友。一旦发现，要赶紧远离，不要怕失去这个朋友，有这样的朋友还不如没有。

2. 和积极向上的同学交朋友

这个同学不一定成绩好，但是他的人生态度一定要积极向上，能让别人感受到他的活力。和这样的人在一起，整个人也会跟着阳光起来。用时髦的话说就是：要和正能量的朋友一起玩。那怎么识别负能量的人呢？这类人有一个很明显的特点：经常抱怨。比如老是抱怨物理真难学、抱怨老师讲课讲不清楚、抱怨食堂的饭菜不好吃……

《世界上最伟大的推销员》的作者曼狄诺说过："我不愿听失败者的哭泣，埋怨者的牢骚，这是羊群中的瘟疫……我的字典里不再有放弃、不可能、办不到、没法子、成问题、失败、行不通、没希望、退缩……这些愚蠢的字眼……我要一砖一瓦地构筑自己成功的殿堂，我相信滴水穿石的道理。"

抱怨很容易使你在不知不觉中身陷泥潭，把自己变成受害者、失败者，而且还会把失败归结为外界因素，而不是找自己的问题。美国斯坦福大学的研究显示，听人抱怨超过 30 分钟，就会导致压力激素皮质醇水平升高，从而阻断神经元联系、加速细胞死亡；反复被负面情绪侵袭，容易导致认知功能减退。

3. 和互补的人交朋友

你数学成绩好，语文成绩不好，那可以找语文成绩好的同学交朋友；你身体素质不好，可以找热爱体育的同学交朋友。这些朋友可以帮你提升弱项，全面发展。

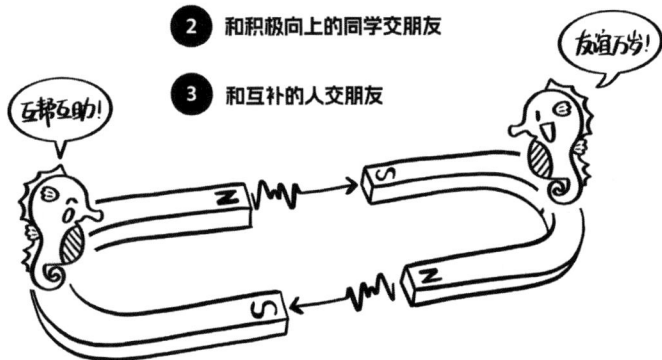

① 遵从内心感受，发现隐藏的损友

② 和积极向上的同学交朋友

③ 和互补的人交朋友

最后要谨记吸引力法则——你关注什么，就会得到什么。

08 | 如何求助：让你学得会、记得牢

先说两个孩子的故事。

小 A 认真预习、认真听讲、认真写作业，遇到不懂的题目就死磕到底，是一名标准的好学生。可惜的是，他的逻辑思维能力不强，总是有搞不懂的题，即使背下了答案，条件一换就不会做了。他的成绩总在 80 分上下徘徊。但他这个人很倔，不愿意示弱，不愿意去问老师和同学，总是自己闷头研究。

小 B 是另外一个极端，遇到会做的题就喜欢炫耀；遇到难题，研究 5 分钟没有思路，就翻答案，或者直接找老师，听明白后就开心地去玩耍了。小 B 的成绩也是在 80 分徘徊。

小 A 和小 B 把自己的优点发挥到极致，但都走向了反面，导致学习效率低下。下面分析一下这两个例子反映的问题 。

1. 自己死磕

你可能会被一个知识点困住，死活想不明白。我就是一个典型的例子，为了弄懂一个难点，我可能要做 20 道类似的题，从不同的角度猜测、判断，总结经验，要花费很长时间。更让我感到郁闷的是，在猜测的过程中，我要走很多弯路，有些概念我自以为懂了，实际上我理解得并不准确，这会给以后的学习埋下隐患。

Tips: 一个难点有时候能让人难受一整个学期，如果我去请教老师，就能节约出大量时间做其他事情。课本上的知识点，早就有很多高手研究透了，所以钻研要适可而止，懂得借力。

2. 放弃死磕

小 B 这种情况则属于偷懒的一种，他对问题完全没有进行仔细的研究，也根本不知道自己"为什么做不出这道题"。老师给了思路，他也只是听懂了，实际上并没有找到真正的难点在哪里，这属于"不知道自己不知道"。一到考试时，自然就会到处丢分。

从脑科学的角度分析，对于没有经过努力而轻易得到的东西，大脑会默认其不重要，不会将其存储为长期记忆，所以这些东西很快就会被忘掉。而在得到以前进行一番绞尽脑汁的研究，就是在告诉大脑：这个真的很重要，你一定要记住！

知道了问题，解决起来就很简单了。

首先需要死磕，哪怕把自己折磨得死去活来。但死磕要有时间限制，比如一小时，不要没完没了地死磕。

死磕后也做不出来就求助。求助时，要把自己的解题步骤或者想法给老师讲一讲，告诉老师自己在哪个地方卡住了。

好几个学生跟我说过，他们在给老师讲述的过程中发现，有些他们自以为正确的步骤其实是错的，所以求助时表达自己的想法也是一个纠错的过程。

有什么方法能让我们在短时间内弄懂难题呢？答案就是成立学习小组！比如我儿子的班上，老师将全班分成了 10 个学习小组，每个小组 4~5 个人。每个小组就是一个小团队，大家互相学习、互相激励。儿子在组里数学成绩最好，除了保证自己的数学成绩不下滑外，他还负责给其他组员讲题；组内语文成绩最好的同学，则负责给大家讲语文题和语文的学习方法。这样，小组成员就能一起进步。因为在讲题的过程中，不仅听的学生在进步，讲题的同学也同样在理清思路，从而更好地掌握相应知识。

我们不能光等着老师安排，还要学会主动出击。比如，我儿子和班上前几名同学的关系都很好，他们经常在课间研究难题，形成浓厚的讨论氛围。前几天，他们遇到了一道数学难题，几个小伙伴讨论了一周多还没找出思路，儿子找我想办法。我研究出答案后，儿子非常兴奋，得意扬扬地表示明天到学校后要给班上的同学讲一下。儿子从中获得的成就感非常强。

第八章
Chapter Eight

博采众长：
那些学习高手的宝贵经验

　　《费曼学习法》出版后，很多老师、学霸、家长加我微信，与我分享学习经验。我发现，他们都有自己的绝技，而且这些绝技适合不同类型的学生。因此，我邀请了其中几位讲述他们的逆袭经历或经验，相信会对你有所启发。

01 ｜ 底层逻辑：逆袭必备的认知基础和心理素质

分享人：*端端，《逆袭 3：高考提高 300 分的拼搏故事》作者，累计帮助 1500 余名考生提分。微信号：coco1996DD。*

在高考那年，我曾用一个月的时间提高了 300 多分，从专科都够不到的水平，一举拿下了一本大学的录取通知书。在短时间内能够提高如此多的分数，我是怎么做到的呢？

1. 搭建整体知识框架

无论是中高考，还是各种社会性考试，在开始学习前，先搭建出每个科目的整体框架，都能让你学起来事半功倍。

建立起对科目的整体感，可以消除对未知的恐惧。大脑不喜欢模糊不清的东西，当我们不清楚到底有多少内容需要学习时，就会产生无穷无尽的迷茫。这种没有"内容终点"，只有"时间终点"的感觉，会让人非常焦虑。

好消息是，我们可以通过教材目录搭建知识框架，配合"时间终点"，倒推出适合自己的学习计划。

首先，整体看一下，每个章节分别讲了什么内容，思考标题与标题之间存在着怎样的逻辑关系。

其次，仔细分析每章包含几个小节，每个小节包含几个知识点，计算出每个章节所包含的知识点总数。

归纳以后你会发现，关联性比较强的章节可以归纳到一组。原本零散的十几个章节，通过归类，可以重新划分成四五个小组。然后以组为单位复习，复习完某一科的第一个小组，再去复习其他科目，能保持思维的连贯性。

同时，我们对于每个章节具体包含了多少个知识点也心知肚明了，这样就可以清楚地知道自己掌握了哪些知识点，还有哪些没有掌握。

2. 提高心理的灵活性

心理因素能极大地影响学习效果，很多学生成绩不好，并不是智力不过关，而是心理素质不过关。该怎么做呢？

首先，要学会做心理建设。所谓学习，就是掌握以前没接触过或不理解的内容，听一次学不明白很正常，我们不需要因此而妄自菲薄。一次学不懂，就多学几次，仍有不明白的地方还可请教他人。

你要知道，学习一定会遇到困难，只要不放弃努力探索，总有解决的一天。

其次，要敢于调整复习计划。如果始终完不成计划，也不必强迫自己，可能是你的计划出现了问题，而不是你有问题。要敢于把计划的学习量下调一些，先保证质量，循序渐进，能力有所提升之后再增加学习量。

最后，要学会取舍。适时放弃性价比不高的知识，将时间留给性价比高的部分。比如原本计划复习较难的 A 科目，但心情烦躁，那就果断舍弃复习 A 科目，转而复习相对让人心情愉悦的 B 科目；再比如某天学习热情高涨，这时就果断抓住这波泼天的热情，偶尔熬夜也在所不惜，毕竟这种状态不是说来就来的。

最后的总结：选择比努力更重要，虽然学习并无捷径，但却可以靠效率取胜。

02 | 初中数学：6 步搞定数学难题

分享人：李爱芬，拥有 15 年教学经验的初中数学老师，家庭教育指导师（高级），女童保护志愿者讲师，有为图书馆志愿者，二胎妈妈。

小学时，很多学生数学能考满分，但一到初中，数学成绩直线下跌，甚至跌到不及格。为什么会发生这种情况呢？因为初中考查更多的是知识的综合运用，而不是简单的模仿和死记硬背，更需要学生的深度思考能力。

这时，最重要的不是刷题量的多少，而是对题目的思考程度有多深。认真研究透一道题，能解决一大类问题。我结合 10 多年的教学经验，分享一些你要反复问自己的几个问题。

（1）本题的考点是什么？涉及哪些基本概念和定理？如果不知道考什么，赶紧去课本里找答案。

（2）用了哪些数学思想、方法和技巧？比如全等三角形、勾股定理等，把定理和实际题目相结合。

（3）最关键的一步是什么？从那些已知条件中发现的线索，就是题眼。

（4）你做没做过类似的题目？它们在解法、思路和突破点上有哪些异同？

（5）本题的得分点是什么？哪些步骤容易扣分？要确保步骤分全部得到。

（6）本题还有其他解法吗？最好、最快的是哪种？总结一下哪些情况下采用。

当你把以上 6 个问题回答完毕，才算真正研究透这道题，以后再有类似的题目，肯定手到擒来。

做数学题最忌讳的是慌慌张张，勉强蒙对答案，下次遇到时可能还是不会。我鼓励学生在一道题上下功夫，反复琢磨以上 6 个问题，不要怕浪费时间，用一节课，甚至半天时间研究一道题都是值得的。

我们班上的"数学小王子"就有这个特征，他曾经为一道数学题着了魔，课间、午休、自习时都在研究它。他还有一股倔劲，不喜欢看答案，非要自己找出思路。当然，他会给自己设定时间限制，只给难题一天的时间，如果当天做不出来，第二天再看答案。

这种持续的高强度思考，令"数学小王子"的思路非常开阔。听课时，经常是我没讲完题目，他就能给出答案。每次重要的考试，他的分数从没低于过 110 分（满分 120）。

03 | 阅读阶梯：不同阶段的阅读重点

分享人：轩语，10 年阅读写作教练，某知名教育平台专家教师，日记星球公众号签约作者、日记星球 21 天日记陪伴营负责人。

阅读是孩子学习的重要组成部分。作为家长，该怎么做才能提高孩子的阅读能力呢？盯着孩子组词造句，给孩子报课外辅导班、买一大堆课外书……如此不仅耗神、费钱，而且收效甚微。在我看来，阅读有以下两个关键点。

1. 课外阅读量不等同于阅读应试能力

小学阶段，学生们应该具有一定的概括能力和表达能力；中学阶段，学生们还要培养判定分析能力和综合赏析能力。那如何提升这些能力呢？

国际上通常把青少年阅读学习分为"学会阅读"和"从阅读中学习"两个阶段。这两个阶段不断演进，转换期在小学三四年级。

（1）小学低学段。通过平时的小练笔、写日记等写作训练，来提升概括能力和表达能力。四年级起，以叙事文和说明文来提升概括能力，做到语言简洁、完整、准确。

（2）五、六年级。在打好前面的基础上，通过写话题作文、哲理性散文和说明文来提升表达能力，使语言贴切、流畅、生动。注重答题的规范性，先自己做题，再对照答案，拆分答题要点，养成按分值答题的好习惯。

（3）中学。合理使用综合性题目和历年真题来进行练习，达到语言流畅、有条理、简洁明确的目标。在错题中汲取做题思路，对照分值答题，提升会更快。

2. 阅读不等同于看书

孩子在阅读时，要分清是"眼睛在看"还是"大脑在看"。阅读过程中，眼睛会有4种运动模式：回扫、回视、眼跳和注视。这些眼部运动都是无意识的，没有经过大脑思考，阅读效果也不理想。怎么办呢？

可以通过加大视觉幅度、增大眼跳距离、减少回视次数、坚持默读等来实现高效速读。在阅读过程中，让眼睛的"注视点"和大脑的"意识点"同步，才能准确高效地获取文章中的"关键点"，达到高效阅读的目的。具体来说：

（1）阅读前，制定清晰的目标：在哪读，读多久，读什么。

（2）阅读时，保证环境安静，全神贯注，圈点勾画做阅读笔记。

（3）阅读后，合上书回顾关键词，提炼中心要点，及时输出读书心得，结合生活实践，让知识为我所用。

阅读是学习能力的基础，也是一个人的核心竞争力。如果学生阅读能力不强，那么今后在其他科目上也很难取得好成绩。

04 | 3步学习法：成为学霸的必经之路

分享人：王赛，退伍军人，星阔心理创始人，星阔心理公众号主理人。小学只上了2年，高考成绩超过清华大学、北京大学的录取分数线，16岁考入中国人民解放军国防科技大学。目前专注从事初高中全科提分咨询。

如果去问一个学霸：如何能考高分？你可能会得到这样的回答：上课要认真听讲，作业要认真完成，学习笔记要认真总结，要多刷题，错题本要整理好……这些方法都没错，但其他学生拿去用了，多半不能产生好的效果，更别说成为学霸了。

原因在哪？这些方法都只是"术"，远未达到触及学习本质的"道"。何为学习之道？——知其然，还要知其所以然，再加刻意练习。

以数学为例，学习的道，可简化为：学会基本概念、公式、定理，形成知识体系，通过做题强化知识体系的检索和运用，最终目的是提高知识的存储速度和检索速度，实现高效学习和应试。

每天学到的知识就像是零部件，有的学生直接扛着一麻袋零件走着前行，有的学生把零件组装成了自行车骑着前行，还有的学生把零件组装成了小汽车开着前行，而学霸则是把零件组装成了飞机飞着前行。

具体如何操作？我们需要回归教材，远离盲目刷题。我总结为"3步学习法"。

仍以数学为例。

第1步：推导课堂上老师板书的基本概念、公式、定理。由于当天刚学习过，书写、推导的速度会很快，一般 5~10 分钟即可完成。

第 2 步：重做课堂上老师讲解的例题和教材上的例题，要能独立、完整地写出所有步骤，体会公式、定理是如何转变为题目的。之后做教材上的练习题，遇有不会的题目再推导一遍基本概念、公式、定理，寻求解题思路，如果 3 分钟内无法解决，可直接看答案或问老师，不要耗费时间死磕。

第 3 步：选一本适合自己的辅导书，无须多。理解辅导书上的知识详解，实现对教材基本概念、公式、定理的深化和拓展，形成知识体系。运用知识体系完成辅导书上的精选例题，通过例题求解强化知识体系的检索，掌握题型通用解法。

如此一来，不需要刷太多题，也不需要刷难题，即可轻松实现高分。

学霸是一种结果，而不是原因。没有天生的学霸，都是普通人在学会了学习之后，变成了学霸。

谨祝莘莘学子，早日成为学霸。

05 ｜ 优势发掘：找到适合自己的学习方法

分享人：全球 500 强企业惠普（HP）前项目产品经理，进口牛肉零售品牌 WuRouBuHuan 创始人，盖洛普全球认证教练。微博和视频号账号：@ 无肉不欢牛排老爸。

我不算学霸，而是一个喜欢社交，但自觉性比较差的人。换句话说，我是一个注意力不能持续的人，成绩也忽上忽下，很不稳定。幸好，在高中阶段，我找到一个独特的学习方法，就是"结伴学习"——和几个学习搭子一起学习，效率最高。

结伴学习能满足我对社交的需求，降低独自学习的枯燥感，又能通过互相监督，提高我的行动力。正是这个方法，让我考入了理想的大学。

做了盖洛普认证教练后，我才理解：你最自然且反复出现的行为和感受中，蕴藏着你的独特优势。

有人喜欢独处研究，有人喜欢交流对话，有人喜欢天马行空想象，有人更喜欢动手操作。所谓因人制宜，就是结合自己的优势去做事，这样才能事半功倍。

怎么找到你的优势呢？有两种方法。

第一种是通过别人的视角。比如，你有什么让别人羡慕的超能力，因为这个能力你本来就有，觉得没什么大不了，就很容易忽视。如果别人都称赞你的某个能力，那它就是你的优势。在此基础上延伸，你的学习效率自然就会更高。

第二种是观察自己，看什么时候学习效率最高，同时持久性最强。比如我喜欢听着音乐做功课，音乐能让我的情绪更放松，学习更持久（而有人需要绝对安静）。最后再结合一些高效的优势测评工具（可以找我分享工具资源），你就能更全面地了解自己。

　　注意，每个人都是独特的，学霸的方法不一定适合你，老师推荐的方法也不一定适合你。鞋子合适不合适只有脚知道，需要你反复探索，多次尝试。好消息是，一旦找到适合自己的方法，就会无往不利，进步神速。

06 | 培养自驱力：让孩子自主学习的 3 个方法

分享人：俪芳，《幼儿园"爱的教育"成果》丛书主编，践行终身学习的幼儿园园长，上海师范大学学前教育专业实践导师，青少年潜能开发教练。微信号：yinlifang888。

我儿子上高中时，几乎所有科目都是全班第一，年级排名稳居前三，后被上海交通大学提前录取，研究生以几乎全科 A+ 的成绩毕业于南加州大学。我没有让他参加过培训班补课，他在学校学习很自觉，平时有自己的业余爱好。我想，是孩子的自驱力在其中起了很大的作用。我总结了培养孩子自驱力的 3 个方法。

1. 积极关注，正向激励

儿子小学二年级时有几次调皮被我教训了。有一次罚他写检讨书，看着他不情愿的样子，我灵光乍现写了个标题：我要做一名优秀的小学生，并陪着他写下 10 条能做到、想要做的事情，然后贴在墙上。从此以后，他不仅养成了独立完成作业的好习惯，而且被连续评为学习积极分子，六年级时被评为三好学生。

2. 把握关键，做好衔接

孩子从家里走出去学习，至少要经历入园适应、幼升小、小升初、初升高 4 个关键期。平稳过渡，做好衔接是父母必须承担的责任。

儿子小升初第一次摸底考试，数学考了 48 分（班里仅有少数几个孩子及格，最高分 70 分），回家很沮丧。我对他说："这是一次非常好的考试，让你看到了和别人的差距，你没有参加培训能考这么多真是了不起，3年初中就是让你从零开始学习的。"当时他还遇到一个年轻、脾气火爆的数学老师，全班没有一个敢正眼直视他的学生，于是我让儿子感受老师的孤独和期待，勇敢与老师眼神交流，配合教学，从而跨越了学习上的心理关。

3. 体验过程，看见成长

儿子小学二年级时，为了按照格式写第一篇小作文憋了老半天，我说："不会写很正常，所以要跟老师学嘛，先把心里话写下来，好不好让老师看了再说，写着写着就好啦！妈妈五年级才开始写作文呢！"

三年级是学习的分水岭。在孩子遇到困难出现退缩时，我和他一起讨论过至少3种解决问题的办法，并鼓励他尝试、允许他犯错，在他受挫、过关、获得好成绩的过程中帮助他复盘自己的学习感悟，体验努力过后胜利的喜悦，收获学习成长的快乐。

以上3点正好对应《儿童技能教养法》中提升动机的5大要素：

（1）所有权：孩子认为目标是他自己确定的。

（2）好处：孩子觉得目标很有趣，能给他带来积极的影响。

（3）信心：孩子相信自己是可以实现目标的。

（4）成功的体验：孩子觉得自己正在取得进步。

（5）抗挫力：孩子准备好了应对可能出现的挫败。

07 | 自主学习：不报补习班也能考第一

分享人：辛晓慧，众启文化创始人，领学研究院创始人，16年教育行业从业经验，专注学习力、学习方法提升。

我儿子今年五年级，没上过任何补习班，但门门功课都接近满分。更重要的是，他每天开开心心去学校，周末还有足够的玩耍时间，后劲十足。为了写这篇文章，我专门采访了他，下面是他的学习技巧。

1.上课认真听讲

听起来很俗套，但能做到的学生很少。听讲也是分主次的。

最重要的是解决心中的疑惑，带着问题去听讲（这也是预习的意义）。很多中等生栽在这里，不知道自己会不会，眉毛胡子一把抓，累得够呛，听课效果还不好。

次重要的是学习解题思路，有些已经会的知识，可以走神不听，这也是很多学霸上课貌似漫不经心的原因，其实他们已经掌握了解题思路，有很多内容可以选择不听。

最不重要的是记笔记，如果都学会了，不记笔记也是可以的。笔记只是辅助，把知识装到自己脑子里最重要。

2.通过测试查漏补缺

学校每周都有测试，令很多同学苦不堪言，儿子却非常喜欢测试。这里有两个原因，其一是他成绩好，每次考试成绩出来都会被表扬，他很喜欢；其二是通过测试巩固知识，即使没考满分，他也很高兴，因为这次考试没白考，让他发现了知识盲区。

儿子的特点是，不放过任何扣分的题，不用"马虎、不小心"来安慰自己，而是深究错误原因，确保同一个错误不犯第二次。

3. 图形化学习

在学习历史和地理知识时，不去死记硬背，而是自己画地图，这样理解起来更直观。他画的地图并不是简单模仿中国地图、世界地图，而是有自己的逻辑线。

第一个逻辑线是国家，绘制同一个国家不同时期的疆域版图，更能看到国家的兴衰起落。

第二个逻辑线是时间，绘制同一时期所有国家的版图，标清它们的国界线，在此基础上观察世界格局。

有了这两个逻辑线，现场拿出一张纸，他都能把当前的世界地图画出来，也能把中国各个历史时期的版图画出来，想忘都忘不掉。上初中以后，这两个科目完全不用费太大劲。

以上这些方法，并不是我刻意指导儿子，而是他自己摸索出来的，自己摸索和妈妈指导的感觉完全不同，这就是自主学习的威力啊。

08 | 情绪调节：让你发挥更稳定

分享人：李新华，河南省名师，国家二级心理咨询师，河南省作协会员，出版有《新华心语》两册（《美好的教育从沟通开始》和《花开的时候来看你》）。

你的学习成绩，不仅和智商有关，和学习时间有关，还和学习时的情绪有关。当你学习热情高涨、信心十足时，更能专注地学习，解题速度更快，记忆效果更好。那么，如何调节情绪呢？这里给出 5 个方法。

1. 识别情绪法

首先，当你感觉到不舒服时，不要回避或否认负面情绪的存在，而要直面情绪。

接着，找到准确的词汇来描述自己的感受。比如当特别压抑痛苦时，可以为情绪起个名字，是"悲伤"还是"愤怒"？是"焦虑"还是"恐惧"？是"抑郁"还是"失望"？当你能"读出"它、"看见"它甚至"感受"到它时，情绪已经消散许多了。

最后，在识别情绪的基础上，可以进一步分析情绪产生的原因。例如，"我感到失望、沮丧，因为这次的考试没考好"。

通过这样的标注，我们可以更清晰地看到情绪背后的原因，从而有针对性地解决问题。

2. 深呼吸法

考试时，如果你感到紧张或者焦虑，可以尝试深呼吸。放松身体，用鼻子深深地吸气，然后用嘴缓慢地呼气。注意将呼吸调整至腹部，使其变得更深更平稳。重复进行数次，可以平复心情。

3. 体育运动法

当不良情绪出现时，课外活动如跑步、打球、游泳等都是最直接的释放方式。适度的身体运动可以释放紧张和压力，促进内心的平静和快乐。坚持运动不仅可以调节情绪，还有助于保持身体健康。

尤其提倡中小学生做集体运动，比如乒乓球、羽毛球、足球等，和小伙伴们一起大汗淋漓的感觉，能让自己开心很久。

4. 断舍离法

乱糟糟的环境会导致乱糟糟的心情。有些学生随意乱扔自己的物品，等到想用的时候，要耗费很长时间才能找到。每次寻找都在消耗意志力，心情自然不好。

通过收拾房间，整理衣柜，把书架、课桌上的文具分类摆放，扔掉无用的东西，你马上就会感到清爽、清净、清晰。

5. 倾诉法

与亲朋好友聊天，是一种有效的情绪调节方式。当你感到郁闷时，不要憋着，可以找同学、好朋友、父母或老师倾诉，只要说出来，不需要对方给出解决方案，你就能轻松很多。同时，倾诉也可以增进人际关系，建立更紧密的情感连接。

当然，也可以向自己倾诉，比如写日记，用文字自我安慰、自我鼓励。

最后一点要注意，如果长期处于负面情绪中，自己如何都调整不过来，就要学会求助专业老师做心理辅导。

09 │ 超常发挥：立竿见影的心理学小技巧

分享人：段俊杰（公众号同名），国家二级心理咨询师，畅销书《好好吃饭：潜意识减肥指南》作者，拥有 14 万付费听众的心理科普主播。

从业 10 年，经手数千例个案，我发现，咨询最多的议题，除了厌学休学外，就是"考前减压"。

有的人平时成绩不错，但是一到大考就发挥失常；还有的人明明就在嘴边的知识点，关键时刻却怎么都想不起来；还有很多人联系我，希望能够在人生的关键时刻"超常发挥"一下。其实，作为咨询师，我根本不懂考试的专业知识，但是，我辅导过的各种考前减压案例中，减压的成功率达 99%。还有一位同学，高中 3 年只上了 4 个月学，也在高考时超常发挥过了本科线。

原因是什么？很简单，考试发挥失常的原因是太过焦虑、太有压力，人在情绪上头的时候就容易"断片儿"。就像演讲，本来背得滚瓜烂熟，但是一上台就忘词了——因为太过紧张；很多人一吵架就发挥不好，吵完后又懊恼没发挥好——因为当时太过生气……

那如何在考前减少焦虑情绪呢？很简单！你只需要准备 3 张 A4 纸和 1 支铅笔就可以了。不如现在就试一下？

1. 第 1 张 A4 纸

首先写出当前让你感到焦虑的事（20 字以内），例如："我特别担心下周的高考。"

然后另起一行，依次写出想到这件事时，你的情绪和身体感受是怎样的，例如，情绪焦虑、紧张、有压力，身体紧绷、无力、心口堵等。

再另起一行，跟随感觉，写下想到这件事时，你的焦虑值有多少。（0~10分，0分是非常轻松，10分是已经焦虑到极点）

2. 第2张A4纸

写下如下问题的答案：假如这件事你失败了，最坏的结果有哪些？把你能想到的最坏的可能性都记录下来。注意，这一页的描述必须全部用负面词汇。

3. 第3张A4纸

充分展开想象力，写下如下问题的答案：假如这件事你成功了，那会是怎样的画面？你可能会得到什么好处？这对你来讲有什么意义和价值？注意，这一页的描述只能用正面词汇。

写完之后再回看第1张A4纸，再次试想这件事，再次给你的焦虑值打个分。现在是多少分？发现惊喜了吗？

不要怀疑自己的眼睛和感觉，这也是很多世界冠军大赛前都在用的方法，只不过我把它背后的心理学原理变成了简单的小游戏，希望在大考前可以助你一臂之力！

10 | 洋为中用：学英语也要有使命感

分享人：美杨阳，拥有19年教学经验的初中英语老师，国家三级心理咨询师，家庭教育指导师（高级），市级优质课一等奖获得者，市级师德标兵。

很多学生学英语有一个误区，就是他们认为学英语死记硬背就足够了，觉得学英语不就是多记几个单词、多背几个短语、多记几个高级的句型吗？但其实只有这些远远不够，很多孩子初高中得不了高分，也有部分孩子小学英语满分，初中就不及格，原因就在于学习英语的动力不足，没有使命感。

在我近20年的教学生涯中，我见过太多英语几乎满分的孩子，他们有很好的学习习惯和强大的愿力与信念。我一直好奇这种愿力和信念来自哪里，直到我几年前开始读原版故事，才真切地感受到学英语的目的——用英语。

在读原版故事的过程中，我才深刻地体会到英语作为一门工具，是如何让我了解外国的人文地理和历史的，使我能够透过那一个个的故事去了解背后的英美文化。

目前中国正处在经济高速发展的新时代，中国文化也被越来越多的人接纳和认可，我们学好了英语就可以用英语讲好中国的文化故事，让中国故事通过英语这门国际性的语言传播到世界各地。

这也是2024年9月初中英语新教材的改变之一：增加了中华传统文化中与中国节日相关的专用名词，引导学生用英语讲好中国故事。要求学生在英语课中学习中国文化，是为了让他们学会用英语地道地表达中国文化，让中国文化更好地传播到世界各地。

当更多的孩子带着这种信念去学习英语的时候，英语便不再是为了考试而刻意去学习的一门外语，而是成为他们弘扬中华优秀的传统文化、肩负起传播责任与使命的工具。

11 ┃ 阅读理解：语文考高分的技巧

    分享人：葛丽辉，儿童文学硕士，教育研究员，曾任一线语文教师、班主任，从事儿童阅读推广与教学近 8 年，组织开展数场亲子阅读活动。

    阅读能让我们在"小书本"中看到"大世界"。要在阅读理解中不断升级，我们需要四大法宝：素材库、工具箱、提问卡和妙锦囊。如何巧妙运用这些法宝，让学习事半功倍呢？让我们一步步揭晓。

    1. 博览群书，积累"素材库"

    首先，持之以恒完成读书计划。可以以月、学期甚至学年为单位，设定明确的阅读目标，确保每天都有固定的阅读时间，让阅读的"量"在不知不觉中积累起来。

    其次，在选书时，要广泛涉猎，历史、科学、文化等都可以。同时，注重书籍的内容质量，挑选有深度、有广度的书。

    最后，可以准备一个素材本，把读到的好内容分类整理。拥有这样一个丰富的"素材库"，无论阅读还是写作，都有了能轻松调取的材料，用点滴的日常习惯换来进步和飞跃。

    2. 头脑风暴，激活"工具箱"

    要想深入理解文章，首先需要把握主题。思维导图是一个神奇的工具，能将文字变成清晰、生动的图像，不仅有助于记忆，还能激发想象力和创造力。

    接下来，要梳理文章的层次。流程图是厘清复杂情节的理想工具，它能清晰地展示事件的发展顺序。

通过划分文章层次，我们可以预测后文的内容，把握作者的思路，提高阅读速度和理解力。

3. 深度分析，巧用"提问卡"

深入精读，学会像出题者一样思考，尝试建立自己的提问逻辑。首先，审题是关键，圈画题干中的关键词，精准理解问题，将题目中的语言转化为文学术语。

其次，将问题与自身的知识储备相匹配，判断出题人的命题依据和考查意图，思考出题人在考查哪个知识点。

这些策略将助你更好地应对阅读理解，提高答题效率与准确性。

4. 总结复盘，掌握"妙锦囊"

通过比较自己的答案与优秀范例，学习更好的内容组织方式。此外，培养分类意识，在整理材料的过程中，归纳出个人的优缺点，并通过复盘和总结，探索适合自己的学习方法，打造属于自己的巧妙锦囊。

阅读不仅是知识的积累过程，更是从书本走向实践的过程，它引领我们走向更加丰富的人生。

12 | 学习开窍，要经过 3 个阶段

分享人：骆晓霞，从业 20 年的教育工作者，高级教育指导师，生涯规划师，偏差行为纠正指导师，公益图书馆讲师。

一位焦虑的妈妈说，她的儿子上四年级，数学只能考 80 多分，班上绝大多数同学都能考 90 分以上，还有 10 多个满分的，上课外班也不管用。有人说，静待花开，等孩子开窍就好了，真是这样吗？开窍分 3 个阶段，可以说一步一个坑。

第 1 阶段：发自内心想学。

很多孩子是混沌的，不知道为什么学习，只是随大流去学校，把学校当成新的游戏场。尤其现在，家庭条件好，孩子觉得维持现状就可以了，学不学无所谓，反正有爸爸妈妈在，不愁吃不愁喝。

如果家长对孩子没要求，觉得孩子开心就好，没有引导孩子树立目标（理想），孩子很可能在这一阶段"掉坑"。

第 2 阶段：真的能学会。

光想学还不够，到了中考、高考阶段，学校里的竞争氛围浓厚，在班上同学的带动下，孩子也会主动学习，毕竟人人都想升入好学校。

当孩子想学了，也努力了，很大的可能是"学不会"，因为前面落后太多，本来还稀里糊涂地自我感觉良好，一旦真的学习，就发现到处是漏洞，为了"还账"需要花费几倍精力。

三分钟热度的孩子，就是掉到了这个坑里。

这个阶段，家长最重要，如果能帮孩子拆解出行动步骤，一步一个

脚印，很容易走向正反馈。

第3阶段：平台期的坚持。

从50分提高到80分比较容易，只要认真看课本就能做到，强行记忆也可以。但从80分提高到95分就非常难了，这是普通学生和学霸的区别。

当孩子发现，用之前的方法再努力也提高不了的时候，他会不会认命——"我再努力也只能考85分"？如果家长也没有耐心，再逼一下孩子，很可能把孩子逼成厌学。

这种无力感更可怕。如果是在第一阶段，孩子知道自己没努力，还会抱有希望（努力后成绩会变好）；而在这一阶段，当孩子发现努力无效，会真的否定自己，接下来很可能躺平。

结论来了：开窍有个过程，不是早上一睁眼突然开窍的，而是要经过反复磨炼。